Cotton Friend
×
SWANY Style Bags

THE BEST RECIPE OF KAMAKURA SWANY STYLE BAG&POUCH

Cotton Friend
×
SWANY Style Bags

雜誌嚴選！人氣手作包の日常練習簿

一起來作64個人氣款托特包、提包、打褶包、
皮革包肩包、口金包、收納包、貝殼包……

Boutique-sha ◎授權

鎌倉SWANY風格手作包

位於神奈川縣鎌倉市的鎌倉SWANY，是一間超人氣布店。匯集了亞麻布、棉布、針織布、鈕釦、織帶、包包素材……等，各式各樣帶有「SWANY品味」的高質感商品。店鋪附設的工作室擅長設計及製作提肩包與波奇包……等，無論是洗練風格，或是傳達手作溫度的樣式、縫製手法與素材挑選，皆擁有很高的評價。

本書收錄的作品，是從2013年起刊登於《Cotton friend》手作誌連載單元的鎌倉SWANY提肩包與波奇包中精選出的超人氣款式。只要先挑選想作或想用的包款，再備妥喜歡的布料，就可以開始動手製作了！能同時享受縫製與使用樂趣的鎌倉SWANY風格手作風，一定能讓您作出喜歡的作品。

備註

由於本書是集結過去的作品，當時使用的布料，多數於鎌倉SWANY各店均已售罄，請讀者挑選目前店頭陳列的當季布料，盡情發揮創意。

Contents

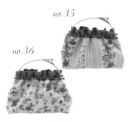

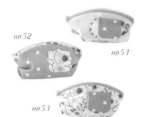

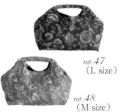

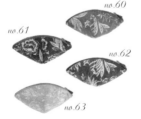

Part 1   *tote bag*

托特包

no. 01 & *no.* 02

拼接托特包（M&S size）

主角是美麗的花朵棉麻印花布，
以拉鍊開闔的口布與堅固的底板，
可以好好守護重要物品。

作法 → P.55

no.
01

no.
02

no.03

祖母包

以鼠尾草綠的底色襯托英國玫瑰花的經典印花圖樣。兩邊的寬版側身都加裝了口袋，收納力相當足夠。

作法 → P.56

no.04 & no.05

圓底托特包（M&S size）

結合花朵九號帆布與彩色亞麻布的圓底托特
包，整體散發穩定感。建議大小款選用不同
顏色，設計會更有變化。

作法 → P.57

no. 04

no. 05

*no.*06

束口托特包

橫長袋身、簡約、大容量，
方便行李較多時使用。
束口的設計讓內容物不會外露，
十分好用。

作法 → P.58

口袋托特包

肩背型托特包，
前袋身與兩側都製作了口袋，
搭配的皮革提把，
更兼具裝飾效果。

作法 → P.59

no.
07

no.08

扁平托特包

活用印花布上的優美孔雀圖案,
讓簡單的扁平四角包質感更加分。
寬版提把散發出些許大人味。

作法 → P.60

扁平托特包

款式同*no.08*，換上不同布料立刻就
有了不一樣的感覺。具衝突感的印花
布巧妙搭配出令人驚豔的視覺效果。

作法 → P.60

N° 02 - 264

N° 02 - 235

N° 02 - 264

N° 02 - 240

no.
09

no.
10

no.10
方形托特包

迷彩圖案羊毛布的方形托特包。
袋口加裝了拉鍊,使內容物不會隨意露出,
使用上也更安心。

作法 → P.61

Part 2　　　　　　　　　　　　　　　*hand bag*

手提包

no. *11*

南瓜包

色彩鮮明又有點鼓鼓的可愛造型。
提把不與袋身選用相同布料，
而是另使用黑色皮革
襯托整體印象。

作法 ➙ P.62

抓皺包

以雅緻玫瑰花與條紋搭配，呈現這款
時尚打褶包，更讓人喜歡的是，實際
容量比目測還要大喲！

作法 —→ P.63

no.
12

no. *13*

祖母包

微微鼓起的圓弧造型，
流露柔美氣息。
小朵玫瑰印花布拼接水玉圓點，
讓整體多了幾分俏麗。

作法 → P.64

no. 13

圓提包

外觀鼓鼓的圓底包，
可為簡單裝扮增添亮點。
提把與袋口的滾邊顏色若能配合裡布，
就能掌握時尚關鍵。

作法 → P.65

no.
14

no.
15

no.15

祖母包

漂亮的包包是自然隨興裝扮的注目焦點，
以煙燻色亞麻布拼接復古風玫瑰花印花布，
顯得格外出色。

作法 ➞ P.66

no. 16 & *no.* 17
Cube bag（M&S size）

立方體造型，還附有拉鍊呢！
更讓人開心的是，不僅造型超可愛，
容量也比目測大上許多！

作法 ⟶ P.68

no.
17

no.
16

no. 18

no.18
方形包

最大的特色在於四角形袋身上
看起來像切口的提把。
深藍色與萊姆綠色的對比搭配，
是相互襯托的好搭檔。

作法 → P.67

no. 19

皮革提把帆布包

以超速配的帆布與皮革縫製的波士頓包款。
讓手作品的完成度看起來更高,
也是皮革的魅力之一!

作法 ━━➔ P.70

no.
19

*no.*20

氣球包

圓底包款，使用的布料是織入鬆軟羊毛氈球的羊毛布。
袋口可以大大地敞開，
收納力很不錯！

作法 ➝ P.71

no.
20

no.
21

no.21
羊毛包

羊毛氈球圖案的立體感羊毛布與
亞麻布拼接包，
寬大的提把與側身也很搶眼。

作法 → P.72

no.**22**

縱長褶襉包

皮革提把與斜紋軟呢的異材質結合，
簡約的包款流露大人的可愛感。
可收納A4尺寸的物品，
使用性一流！

作法 ➝ P.73

no.
22

no.23

南瓜包

袋身加上褶襉的手提包，
微微鼓起狀似南瓜。
緹花羊毛布與彩色亞麻布的組合，
帶出濃濃的季節感。

作法 ⟶ P.62

no. 24

前蓋包

造型可愛的羊毛包，
有著寬版提把與圓滾滾的袋身。
裝飾於袋口的斜紋袋蓋，
是設計重點之一。

作法 → P.74

no.
24

no.25

前蓋包

款式同no.24，但因為是偏大的格紋，
所以袋蓋對齊袋身紋路而不斜裁。
袋口寬敞，取放物品相當方便好用。

作法 → P.74

no.
25

Part 3

shoulder bag

肩背包

*no.*26

肩背包

用於收納錢包、手帕、手機
與A6尺寸的書本剛剛好。
棉麻帆布材質，
比皮革包輕巧，
這一點更讓人愛不釋手。

作法 ➝ P.75

no.
26

no.
27

*no.*27
褶襉肩背包

由於款式簡約，
所以挑選有亮片點綴的羊毛布來增添華麗感，
皮革單肩帶也走低調時尚風。

作法 ➝ P.76

no.28

單柄肩背包

使用大膽的公雞、母雞圖案亞麻印花布，
搭配簡單的包款，
更能突顯圖案的特色。
皮革單肩帶也是裝飾亮點。

作法 ⟶ P.77

no.
28

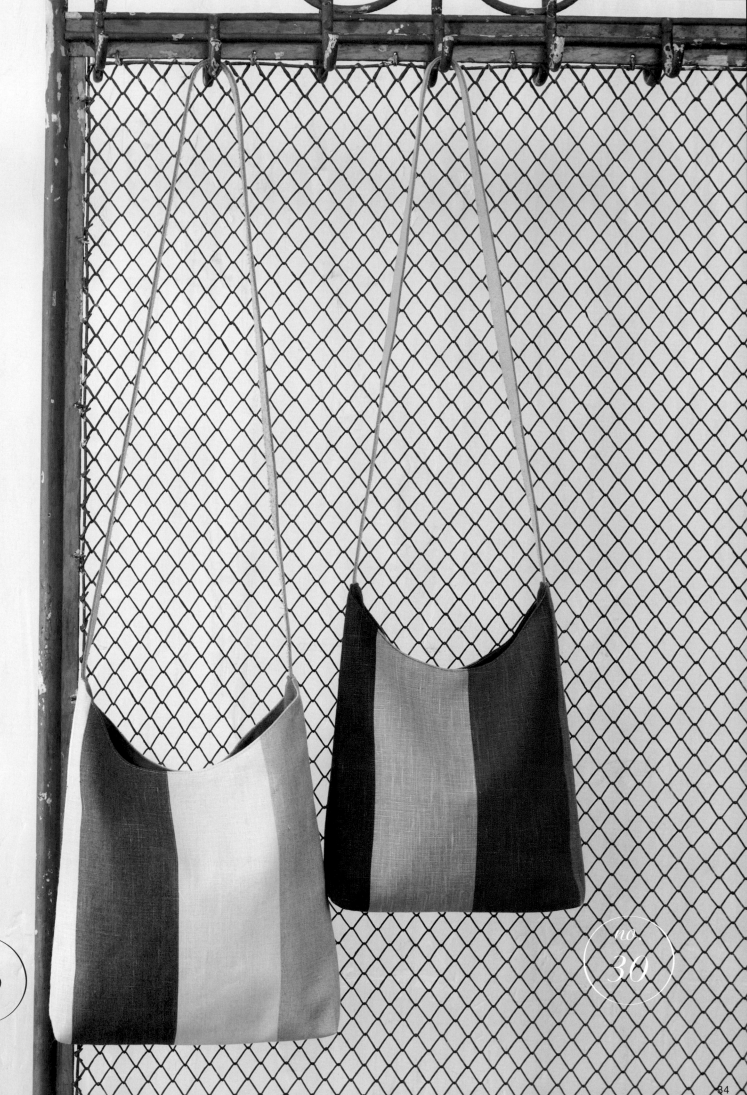

*no.*29 & *no.*30

肩背包（L&M size）

精心設計的樣式，
背在肩上時能與身體完全貼合，
是十分受歡迎的包款，
直條紋布的樣式也顯得十分清爽吸睛。

作法 → P.78

no. 31

斜肩包

一向給人運動風印象的斜肩包，
換以溫暖壓縮羊毛針織布製作，
也能呈現時尚氛圍，
肩帶可調整長度。

作法 → P.79

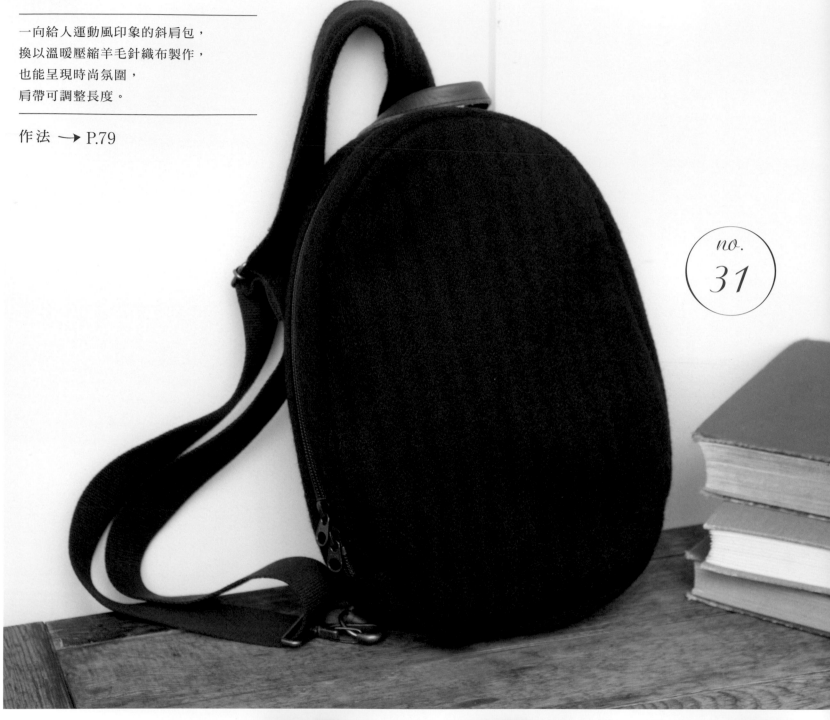

no.
31

拉鍊為整圈設計，方便收納。

時尚的橢圓形，男女皆宜。

背面附有口袋。

no. 32

肩背包

豪邁的使用大圖案印花布。
不管是掛於肩上或斜背，
都能與身體貼合，
背起來很舒服。

作法 ━━▶ P.80

no.
32

Part 4

*bag with
a clasp or zipper*

口金包・拉鍊包

*no.*33 ・ *no.*34

小口金包・手挽口金包

迷你款的手挽口金包，
作為化妝包或袋中袋都很適合，
裝飾可愛象牙色圓珠釦頭的小口金包，
當珠寶盒也很棒！

作法 ➞ P.81・P.82

no.
34

no.*35* & no.*36*

手挽口金包

口金兼提把的迷你包款。
像小口金包一樣扭開側身的圓珠鈕頭就能
打開袋口。
搭配與印花玫瑰同色系的素色布，
顯得格外雅緻。

作法 → P.83

no.37 至 no.39

鋁口金包&
鋁口金波奇包

將常用於醫生包⋯⋯等的鋁口金
作為提把,袋型圓潤。
寬大的側身能提供足夠的容量。

作法 → P.84・P.85

no.
38

no.
39

no.
37

no. **40**

no. **41**

no.**40** & no.**41**

鋁口金波奇包

不易變形，又能打造扎實形狀的鋁口金，
與帆布是最速配的。
色彩組合也可盡情作變化。

作法 ⟶ P.85

no. 42

no. 43

no. 44

no.42 至 no.44

小口金包

圖案縱向排列的印花布，
使得小口金包更顯出色。
裡布選用圓點印花布，
每次打開都讓人覺得好開心！

作法 ⟶ P.81

no.
46

44

no. 45 · *no.* 46

鋁口金波奇包·
鋁口金肩背包

兩款高人氣的鋁口金包，
作法比接縫拉鍊款更簡單，
十分適合手作包的初學者。

作法 ⟶ P.85 · P.86

可隨性搭配裡布的顏色。

鋁口金的開口很大，方便好用。

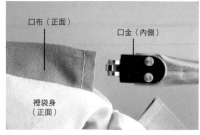

口布（正面）
口金（內側）
裡袋身
（正面）

將口金穿進口布時，
注意插入螺栓部分要朝向裡袋身。

裡袋身
（正面）

穿進口金的樣子。

no. 45

no.47

no.48

no.47 & no.48

鋁口金包

（L&M size）

直接將大開口的鋁口金作為提把使用。
圓圓鼓鼓的模樣，教人愛不釋手。

作法 → P.84

*no.*49 & *no.*50

小口金波奇包

以圓珠釦頭小口金，
配上羊毛布料口袋，
簡單而不失風格，
與彩色帆布搭配也感覺很適合。

作法 ⟶ P.87

*no.*51 至 *no.*53
口袋波奇包

波奇包上小巧的口袋顯得好吸睛，
兩側的尖褶是一大設計重點，
可依需求作為化妝包或眼鏡袋⋯⋯

作法 ⟶ P.88

no.
51

no.
52

no.
53

no.54 & no.55

口袋波奇包

款式和no.51至53相同，
但袋身改用羊毛布，
口袋也換成皮革材質，
營造出截然不同的氛圍。

作法 → P.88

*no.*56 & *no.*57
支架口金便當袋（L&Msize）

簡單的四角形包款，
由於組裝了支架口金而有了立體感。
不僅不易變形，開口又大，
使用起來真方便。

作法 ⟶ P.90

no.
57

no.
56

*no.*58 & *no.*59

Club Bag

搭配寬度30cm的大尺寸支架口金，
並縫製拉鍊。
時尚的條紋羊毛布，
肯定會成為穿搭亮點。

作法 → P.92

*no.*60 至 *no.*63

貝殼波奇包

貝殼形的可愛波奇包。
由四片布拼接成立體造型,
可收納的小物比想像中還多!

作法 → P.93

no.64

鋁口金手拿包

加裝了超人氣的鋁口金，
貝殼狀的圓弧輪廓顯得更加時髦漂亮。
搭配的圓點羊毛布也很吸睛呢！

作法 → P.89

4.組裝袋身

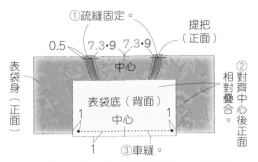

①疏縫固定。
提把（正面）
0.5
7.3・9 7.3・9
中心
表袋身（正面）
表袋底（背面）
中心
1   1
1 ③車縫。
②對齊中心後正面相對疊合。

※表袋底的另一側車縫固定於另一片表袋身。

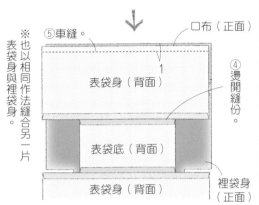

⑤車縫。
口布（正面）
表袋身（背面）
1
④燙開縫份。
表袋底（背面）
裡袋身（正面）

※也以相同作法縫合另一片表袋身與裡袋身。

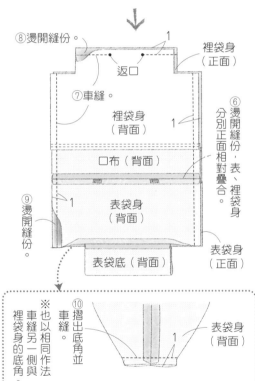

⑧燙開縫份。
1
裡袋身（正面）
返口
⑦車縫。
裡袋身（背面）
1
⑥燙開縫份，表、裡袋身分別正面相對疊合。
口布（背面）
表袋身（背面）
⑨燙開縫份。
1
表袋底（背面）
⑩摺出底角並車縫。
1
表袋身（背面）
※也以相同作法車縫裡袋身另一側的底角。

⑫口布與表袋身一起車縫。
⑪由返口翻至正面，口布翻向裡側。
0.2
3.5・4   3.5・4
14・18 3.5・3.5
1.5
表袋身（正面）

底板＝27×15cm
34×18cm
※修剪為圓角。
⑬放入底板，返口進行藏針縫。
⑭翻起口布。

【製作順序】
3.接縫拉鍊 1.縫製前的準備

2.製作提把
4.組裝袋身

※no.01作法相同

1.縫製前的準備

①於表袋身・表袋底・口布與提把的背面熨燙接著襯。

表袋身（背面）※兩片。 接著襯（中厚質）
接著襯（軟質）
表袋底（背面） 口布（背面）※兩片。
提把（背面）※兩片。

2.製作提把

②對摺。
提把（背面）
①摺疊。
③車縫。0.2 摺雙
1

※也以相同作法製作另一條提把。

3.接縫拉鍊

①拉鍊疏縫固定於裡袋身，再疊上口布。
※拉鍊的接縫作法見P.95。

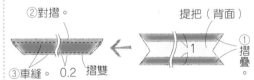

1
口布（背面）
拉鍊（正面）
裡袋身（正面）
②口布正面重疊後車縫。

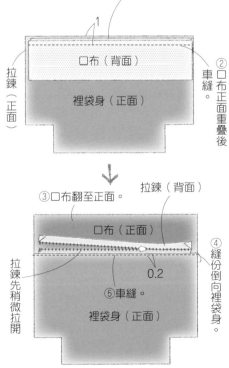

③口布翻至正面。
拉鍊（背面）
口布（正面）
0.2
⑤車縫。
裡袋身（正面）
拉鍊先稍微拉開
④縫份倒向裡袋身。

⑥於另一片裡袋身與口布也依①至④的作法夾車拉鍊。

P.02 no.01 & no.02
（拼接托特包 M&S size）

材料

	no.02 (S)	no.01 (M)
表布寬150cm（棉麻帆布）	30cm	30cm
配色布寬110cm（8號帆布）	40cm	50cm
裡布寬110cm（素色棉麻布）	40cm	40cm
金屬拉鍊	40cm1條	50cm1條
（厚）接著襯寬92cm	30cm	50cm
（薄）接著襯寬92cm	40cm	50cm
底板	30cm寬15cm	40cm寬20cm

完成尺寸

[no.02 (S)]
| 寬 | 42cm | 高 | 19cm | 側身 | 15cm |

[no.01 (M)]
| 寬 | 52cm | 高 | 21cm | 側身 | 18cm |

【製圖】
※提把請以下列的圖示製作。

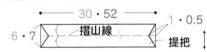

30・52   1・0.5
6・7 摺山線   提把

【裁布圖】
※未附原寸紙型，請依標示的尺寸直接裁剪。
※外加縫份1cm。
※■…no.02 (S) ■…no.01 (M)

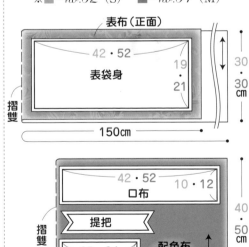

表布（正面）
42・52   19・21
表袋身
摺雙
30・30cm
150cm

42・52 10・12
口布
摺雙
提把
表袋底（1片）
27・34 15・18
配色布（正面）
40・50cm
110cm

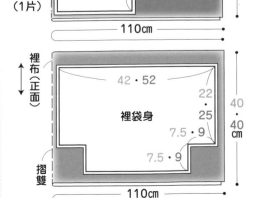

裡布（正面）
42・52
裡袋身
22・25 7.5・9
7.5・9
摺雙
40・40cm
110cm

4.製作裡袋身

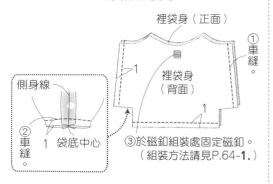

① 車縫。

裡袋身（正面）

② 車縫。

側身線

裡袋身（背面）

1 袋底中心 1

③ 於磁釦組裝處固定磁釦。
（組裝方法請見P.64-1.）

5.縫合表袋身&裡袋身

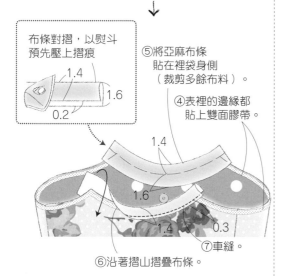

③ 疏縫固定。

② 將裡袋身放進表袋身內。

0.5

裡袋身（正面）

表袋身（正面）

① 表袋身翻至正面。

布條對摺，以熨斗預先壓上摺痕

1.4   1.6
0.2

⑤ 將亞麻布條貼在裡袋身側（裁剪多餘布料）。

④ 表裡的邊緣都貼上雙面膠帶。

1.4

1.6   1.4   0.3

⑦ 車縫。

⑥ 沿著摺山摺疊布條。

6.接縫提把

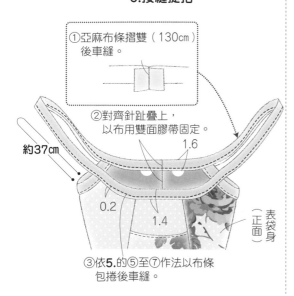

① 亞麻布條摺雙（130cm）後車縫。

② 對齊針趾疊上，以布用雙面膠帶固定。

約37cm

1.6

0.2

1.4

表袋身（正面）

③ 依5.的⑤至⑦作法以布條包捲後車縫。

1.縫製前的準備

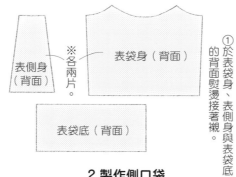

表側身（背面）

※各兩片

表袋身（背面）

表袋底（背面）

① 於表袋身、表側身與表袋底的背面熨燙接著襯。

2.製作側口袋

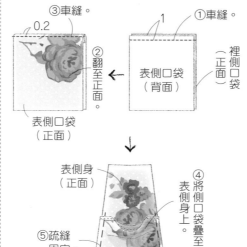

③ 車縫。

0.2

表側口袋（背面）

① 車縫。

② 翻至正面。

表側口袋（正面）

裡側口袋

表側口袋（正面）

表側身（正面）

④ 將側口袋疊至表側身上。

⑤ 疏縫固定。

0.5

表側口袋（正面）

3.製作表袋身

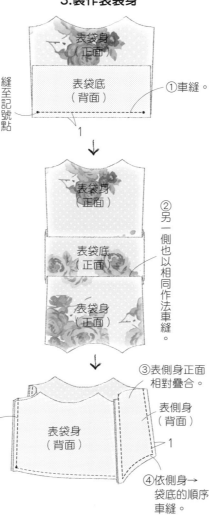

表袋身（正面）

表袋底（背面）

① 車縫。

縫至記號點

1

表袋身（正面）

表袋底（正面）

表袋身（正面）

② 另一側也以相同作法車縫。

③ 表側身正面相對疊合。

表側身（背面）

表袋身（背面）

⑤ 也以相同作法車縫另一側。

④ 依側身→袋底的順序車縫。

1

no.03

P.04 no.03（祖母包）

材料

表布寬137cm（棉帆布）	50cm
裡布寬137cm（棉帆布）	40cm
磁釦直徑1.8cm	1個
布用雙面膠帶寬0.3cm	適量
接著襯寬92cm	60cm
亞麻織帶寬3cm	190cm

完成尺寸

寬	34cm	高	27cm	側身	14cm

原寸紙型 A面

【裁布圖】

※表、裡側身口袋、表側身、表袋底皆未附紙型，請依標示的尺寸直接裁剪。

※除了指定處（●內的數字）之外，縫份皆為1cm。

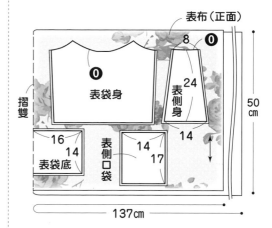

表布（正面）

8   ❶

❶

表袋身

表側身

24

14

摺雙

16
14
表袋底

14
17
表側口袋

50cm

137cm

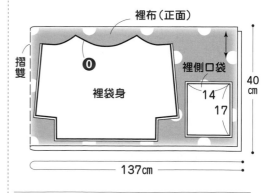

裡布（正面）

❶

裡側口袋

14
17

摺雙

裡袋身

40cm

137cm

【製作順序】

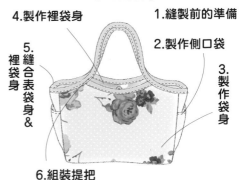

4.製作裡袋身

5.縫合表袋身&裡袋身

6.組裝提把

1.縫製前的準備

2.製作側口袋

3.製作袋身

56

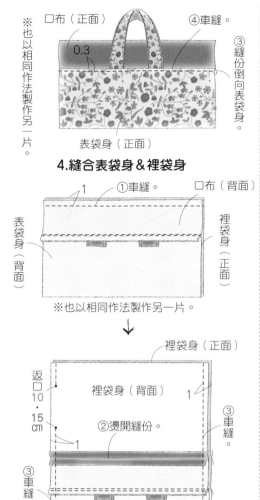

※也以相同作法製作另一片。

口布（正面）
④車縫。
③縫份倒向表袋身。
0.3
表袋身（正面）

4.縫合表袋身＆裡袋身

①車縫。
口布（背面）
1
表袋身（背面）
裡袋身（正面）

※也以相同作法製作另一片。

裡袋身（正面）
返口 10・15cm
1
裡袋身（背面）
②燙開縫份。
③車縫。
1
③車縫。
1
表袋身（背面）
表袋身（正面）

5.車縫袋底

②以數根珠針固定。
表袋底（背面）
③車縫。
表袋身（背面）
①縫燙開側身。
裡袋身（背面）
返口
1
④裡袋底車縫也以相同
裡袋底（正面）

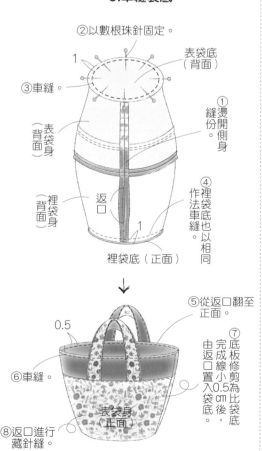

0.5
⑤從返口翻至正面。
⑥車縫。
⑦由返口置入袋底板，完成底板線修剪小0.5cm為比袋底後，
⑧返口進行藏針縫。
表袋身 正面

【製作順序】

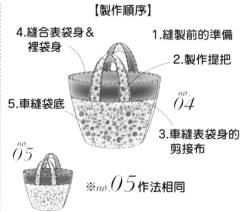

4.縫合表袋身＆裡袋身
5.車縫袋底
1.縫製前的準備
2.製作提把
3.車縫表袋身的剪接布

no.04
no.05

※no.05作法相同

1.縫製前的準備

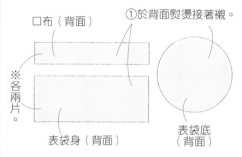

口布（背面）
①於背面熨燙接著襯。
※各兩片
表袋身（背面）
表袋底（背面）

2.製作提把

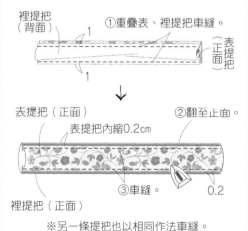

裡提把（背面）
①重疊表、裡提把車縫。
1
1
表提把（正面）

表提把（正面）
表提把內縮0.2cm
②翻至止面。
③車縫。
0.2
裡提把（正面）

※另一條提把也以相同作法車縫。

3.車縫表袋身的剪接布

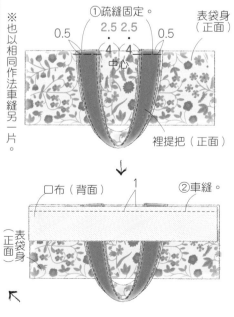

①疏縫固定。
0.5
2.5 2.5
0.5
4 4
中心
表袋身（正面）
裡提把（正面）
※也以相同作法車縫另一片。

口布（背面）
②車縫。
1
表袋身（正面）

P.05 no.04 & no.05
（圓底托特包 M&S size）

材料

		no.05 (S)	no.04 (M)
表布寬110cm（9號帆布）		50cm	70cm
裡布寬105cm（素色麻布）		60cm	90cm
接著襯寬92cm		60cm	70cm
底板寬20・30cm		20cm	30cm

完成尺寸

[no.05 (S)]					
寬	28cm	高	16cm	側身	18cm

[no.04 (M)]					
寬	43.5cm	高	25cm	側身	28cm

原寸紙型 A面

【裁布圖】

※除了表袋底與裡袋底之外，其餘皆未附紙型，請依標示的尺寸直接裁剪。
※外加縫份1cm。

※■…S (no.05)　■…M (no.04)

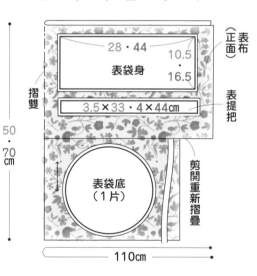

表布（正面）
摺雙
28・44
10.5・16.5
表袋身
3.5×33・4×44cm
表提把
表袋底（1片）
剪開重新摺疊
50・70cm
110cm

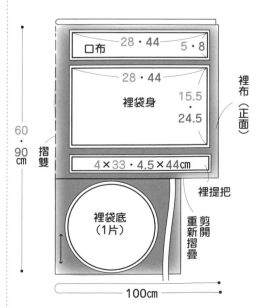

裡布（正面）
摺雙
口布
28・44
5・8
28・44
15.5・24.5
裡袋身
4×33・4.5×44cm
裡提把
裡袋底（1片）
剪開重新摺疊
60・90cm
100cm

4.製作束口布

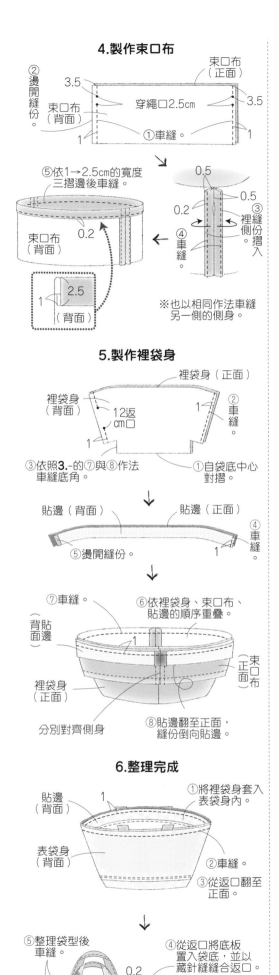

② 燙開縫份。

束口布（正面）

3.5　3.5

穿繩口2.5cm

束口布（背面）

① 車縫。

1

↓

⑤ 依1→2.5cm的寬度三摺邊後車縫。

0.5

0.5

0.2

0.2

③ 裡縫側份摺入。

④ 車縫。

束口布（背面）

2.5

1

（背面）

※ 也以相同作法車縫另一側的側身。

5.製作裡袋身

裡袋身（正面）

裡袋身（背面）

12返cm口

② 車縫。

1

1

① 自袋底中心對摺。

③ 依照3.-的⑦與⑧作法車縫底角。

貼邊（背面）　貼邊（正面）

④ 車縫。

⑤ 燙開縫份。

1

⑦ 車縫。

⑥ 依裡袋身、束口布、貼邊的順序重疊。

背面邊貼（面）

1

裡袋身（正面）

束口布（正面）

⑧ 貼邊翻至正面，縫份倒向貼邊。

分別對齊側身

6.整理完成

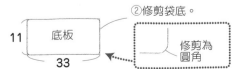

貼邊（背面）

1

① 將裡袋身套入表袋身內。

② 車縫。

③ 從返口翻至正面。

表袋身（背面）

⑤ 整理袋型後車縫。

0.2　0.2

④ 從返口將底板置入袋底，並以藏針縫縫合返口。

表袋身（正面）

⑥ 將綁繩穿入束口布內。

＜綁繩的穿入方式＞

140cm×2條

2.製作提把

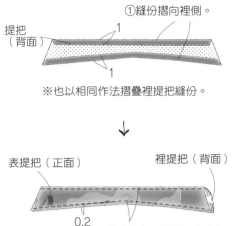

① 縫份摺向裡側。

提把（背面）

1

1

※ 也以相同作法摺疊裡提把縫份。

↓

表提把（正面）　裡提把（背面）

0.2

② 重疊表、裡提把後車縫。

※ 也以相同作法製作另一條提把。

3.製作表袋身

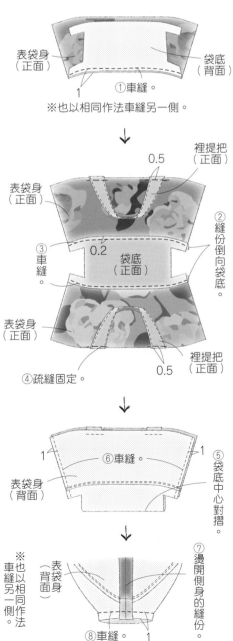

表袋身（正面）

袋底（背面）

① 車縫。

1

※ 也以相同作法車縫另一側。

↓

裡提把（正面）

0.5

表袋身（正面）

② 縫份倒向袋底。

③ 車縫。

0.2　袋底（正面）

表袋身（正面）

裡提把（正面）

0.5

④ 疏縫固定。

↓

⑥ 車縫。

1　1

表袋身（背面）

⑤ 袋底中心對摺。

↓

1

⑦ 燙開側身的縫份。

表袋身（背面）

⑧ 車縫。　1

※ 車縫也以相同另一側作法。

P.06 *no.06*（束口托特包）

材料

表布寬138cm（棉麻帆布）	50cm
裡布寬141cm（素色亞麻布）	100cm
接著襯寬92cm	100cm
圓繩寬0.5cm	280cm
底板寬35cm	15cm

完成尺寸

寬	60cm	高	27cm	側身	12cm

原寸紙型　A面

【裁布圖】

※ 束口布未附紙型，請依標示的尺寸直接裁剪。
※ 除了指定處（●內的數字）之外，皆外加縫份1cm。

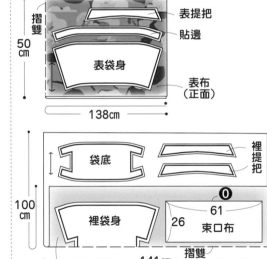

摺雙

50cm

表提把

貼邊

表袋身

表布（正面）

138cm

袋底

裡提把

100cm

裡袋身

0

61

26　束口布

摺雙

141cm

裡布（正面）

【製作順序】

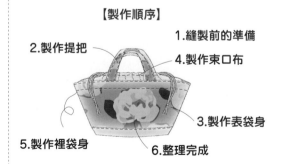

1.縫製前的準備

2.製作提把

4.製作束口布

5.製作裡袋身

3.製作表袋身

6.整理完成

1.縫製前的準備

① 於表袋身、袋底、貼邊與提把的背面熨燙接著襯。

② 修剪袋底。

11　底板

33

修剪為圓角

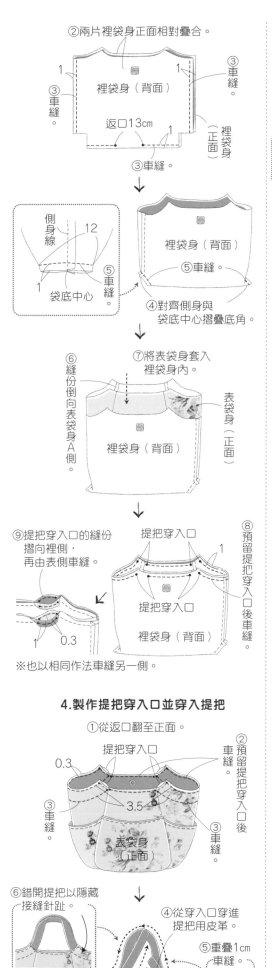

②兩片裡袋身正面相對疊合。

③車縫。

裡袋身（背面）

③車縫。

③車縫。

返口13cm

③車縫。

裡袋身（正面）

側身線

12

⑤車縫。

裡袋身（背面）

1

袋底中心

⑤車縫。

④對齊側身與袋底中心摺疊底角。

⑥縫份倒向表袋身A側。

⑦將表袋身套入裡袋身內。

裡袋身（背面）

表袋身（正面）

⑨提把穿入口的縫份摺向裡側，再由表側車縫。

提把穿入口

⑧預留提把穿入口後車縫。

提把穿入口

裡袋身（背面）

1

0.3

※也以相同作法車縫另一側。

4.製作提把穿入口並穿入提把

①從返口翻至正面。

提把穿入口

0.3

②預留提把穿入口後車縫。

③車縫。

3.5

③車縫。

表袋身（正面）

⑥錯開提把以隱藏接縫針趾。

④從穿入口穿進提把用皮革。

⑤重疊1cm車縫。

⑦返口進行藏針縫。

表袋身（正面）

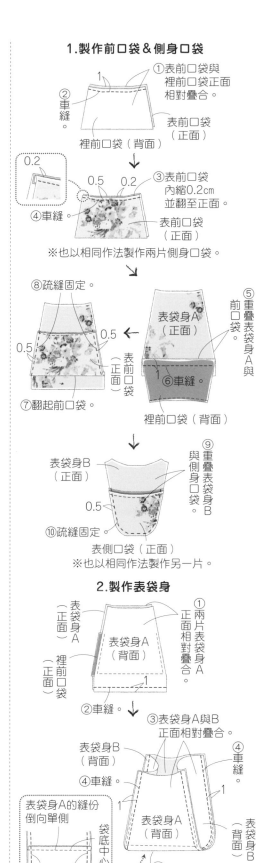

1.製作前口袋＆側身口袋

①表前口袋與裡前口袋正面相對疊合。

②車縫。

裡前口袋（背面）

0.2

0.5　0.2

③表前口袋內縮0.2cm並翻至正面。

④車縫。

表前口袋（正面）

※也以相同作法製作兩片側身口袋。

⑧疏縫固定。

0.5

0.5

表前口袋（正面）

⑦翻起前口袋

⑤重疊表袋身A與前口袋

表袋身（正面）

⑥車縫

裡前口袋（背面）

表袋身B（正面）

⑨與側身口袋、重疊表袋身B

0.5

⑩疏縫固定。

表側口袋（正面）

※也以相同作法製作另一片。

2.製作表袋身

表袋身A（正面）

①兩片表袋身A正面相對疊合。

裡前口袋（正面）

②車縫。

③表袋身A和B正面相對疊合。

表袋身B（背面）

④車縫。

④車縫。

④車縫。

表袋身A的縫份倒向單側

袋底中心

④車縫。

表袋身A（背面）

表袋身B（背面）

1

⑤翻至正面。

3.製作裡袋身後與表袋身縫合

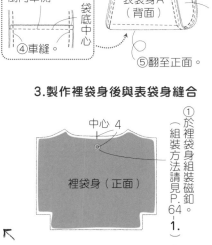

①於裡袋身組裝磁釦（組裝方法請見P.64「1.」）

中心 4

裡袋身（正面）

P.08 no.07（口袋托特包）

材料

表布寬140cm（印花亞麻布）	80cm
裡布寬105cm（素色麻布）	70cm
提把用皮革寬2.5cm	180cm
磁釦直徑1.8 cm	1個
接著襯寬10cm	10cm

完成尺寸

寬	48cm	高	33cm	側身	12cm

原寸紙型　A面

【裁布圖】

※外加縫份1cm。

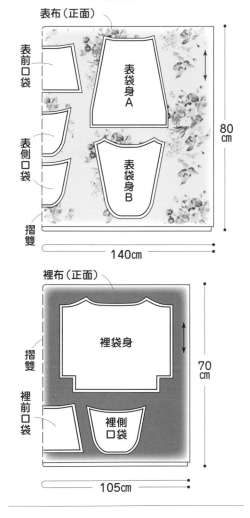

表布（正面）

表前口袋

表側口袋

摺雙

表袋身A

表袋身B

80cm

140cm

裡布（正面）

摺雙

裡前口袋

裡側口袋

裡袋身

70cm

105cm

【製作順序】

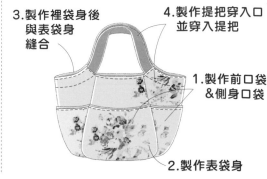

3.製作裡袋身後與表袋身縫合

4.製作提把穿入口並穿入提把

1.製作前口袋＆側身口袋

2.製作表袋身

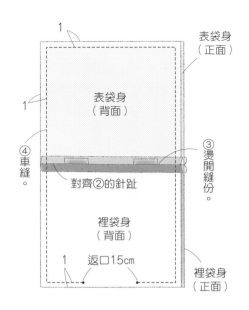

1
表袋身（正面）

1
表袋身（背面）

④車縫。

③燙開縫份。

對齊②的針趾

裡袋身（背面）

1 返口15cm

裡袋身（正面）

4.整理完成

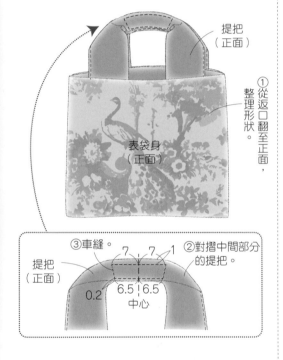

提把（正面）

① 整理形狀，從返口翻至正面，

提把（正面）

③車縫。

②對摺中間部分的提把。

7 7 1

0.2

6.5 6.5

中心

④車縫。

0.2

表袋身（正面）

⑤裡袋身的返口進行藏針縫。

1.縫製前的準備

表袋身（背面）※兩片。

① 表袋身背面熨燙接著襯

2.製作提把

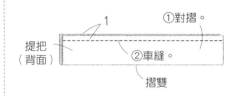

1

提把（背面）

①對摺。

②車縫。

摺雙

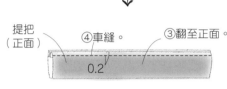

提把（正面）

④車縫。

③翻至正面。

0.2

※也以相同作法製作另一條提把。

3.製作表袋身&裡袋身

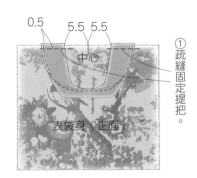

0.5

5.5 5.5

中心

表袋身（正面）

①疏縫固定提把。

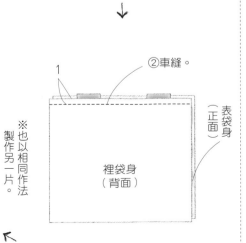

1

②車縫。

裡袋身（背面）

表袋身（正面）

※也以相同作法製作另一片。

P.09 no.08（扁平包）
P.10 no.09（扁平包）

材料

	no.08	no.09
表布寬140・137cm（棉帆布・亞麻布）	40cm	70cm
裡布寬105cm（素色麻布）	70cm	40cm
接著襯寬92cm	40cm	

完成尺寸

寬	42cm	高	37cm

【裁布圖】

※未附原寸紙型，請依標示的尺寸直接裁剪。
※外加縫份1cm。

no.08 表布・no.09 裡布（正面）

42
37 表袋身（no.09的裡袋身）

42
37 表袋身（no.09的裡袋身）

40cm

140・105 cm

no.08 裡布・no.09 表布（正面）

48
20 提把

48
20 提把

42
37 裡袋身（no.09表袋身）

42
37 裡袋身（no.09表袋身）

70cm

105・137cm

【製作順序】

2.製作提把

1.縫製前的準備

no.08

3.製作表袋身&裡袋身

4.整理完成

no.09

※no.09作法相同

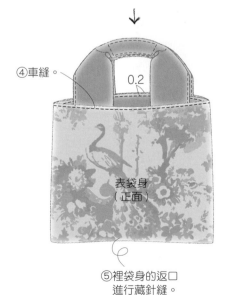

④車縫。

0.2

表袋身（正面）

60

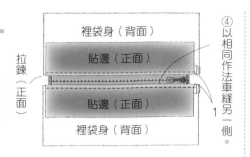

裡袋身（背面）

貼邊（正面）

拉鍊（正面）

貼邊（正面）

裡袋身（背面）

④以相同作法車縫另一側。

1

5.縫合表袋身＆裡袋身・整理完成

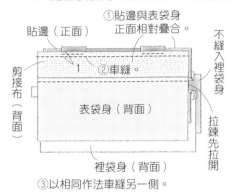

①貼邊與表袋身正面相對疊合。

貼邊（正面）

②車縫。

1

剪接布（背面）

表袋身（背面）

裡袋身（背面）

不縫入裡袋身

拉鍊先拉開

③以相同作法車縫另一側。

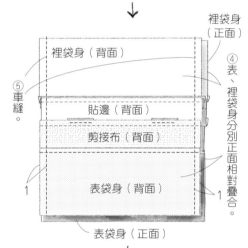

裡袋身（背面）

⑤車縫。

貼邊（背面）

剪接布（背面）

表袋身（背面）

裡袋身（正面）

④表、裡袋身分別正面相對疊合。

1

1

表袋身（正面）

貼邊（背面）

裡袋身（背面）

剪接布（背面）

表袋身（背面）

表袋底（背面）

⑥燙開兩側身的縫份。

⑦表、裡袋身正面相對疊合。

1

⑧車縫。

⑨裡袋身與裡袋底預留返口後，以相同作法車縫。

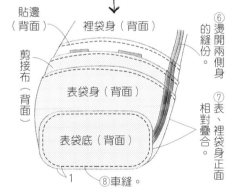

⑫對摺提把的中間部分。

⑬車縫。

12 12
中心

提把（背面）

⑪車縫。

0.2

⑩從返口翻至正面。

⑭放入底板，返口進行藏針縫。

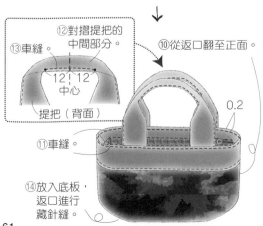

1.製作前的準備

①�â□處熨燙接著襯。

表袋底（背面）

表袋身（背面）
※兩片。

剪接布（背面）
※各兩片。

②底板（一片）修剪為比袋底紙型小0.5cm。

2.製作提把

③車縫。

7.5

②對摺。

0.3

摺雙

①摺疊縫份。

1

1

提把（背面）

※另一條提把也以相同作法製作。

3.製作表袋身

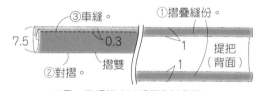

①車縫。

1

表袋身（正面）

剪接布（背面）

剪接布（正面）

0.2

③車縫。

表袋身（正面）

②縫份倒向剪接布。

※也以相同作法製作另一片表袋身。

⑤疏縫固定。

8.5

8.5

0.5

0.5

④重疊提把。

提把（正面）

表袋身（正面）

4.接縫拉鍊

①拉鍊疏縫固定於裡袋身，再疊上貼邊。
※拉鍊的接縫方法請見P.95。

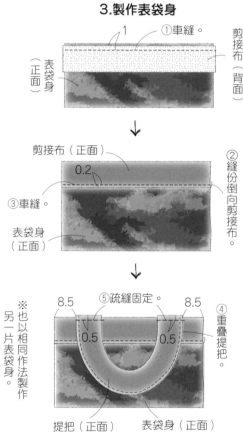

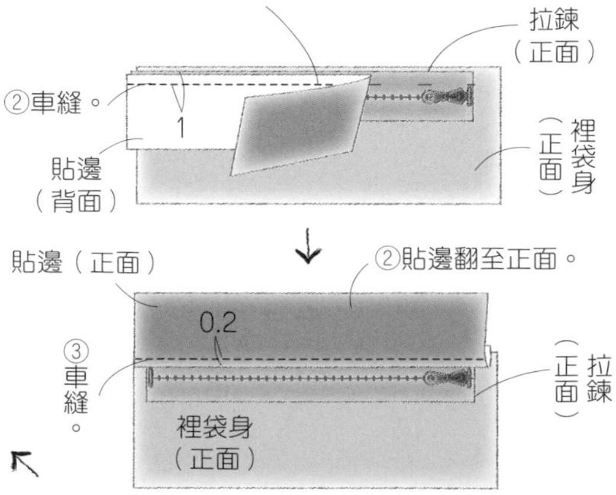

②車縫。

1

拉鍊（正面）

貼邊（背面）

裡袋身（正面）

②貼邊翻至正面。

貼邊（正面）

0.2

③車縫。

裡袋身（正面）

拉鍊（正面）

P.11 no.10（方形托特包）

no. 10

材料

表布寬150cm（迷彩羊毛布）	30cm
裡布寬110cm（棉麻布）	50cm
配色布寬110cm（帆布）	40cm
接著襯寬92cm	80cm
拉鍊40cm	1條
底板寬40cm	20cm

完成尺寸

寬	42cm	高	24cm	側身	15cm

原寸紙型 A面

【裁布圖】

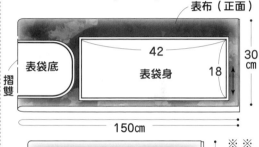

表布（正面）

表袋底

摺雙

42

表袋身

18

30
cm

150cm

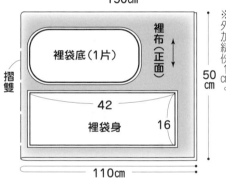

裡布（正面）

裡袋底（1片）

摺雙

42

裡袋身

16

50
cm

110cm

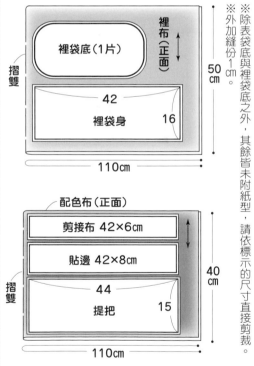

配色布（正面）

剪接布 42×6cm

貼邊 42×8cm

摺雙

44

提把

15

40
cm

110cm

※除表袋底與裡袋底之外，其餘皆未附紙型，請依標示的尺寸直接剪裁。

※外加縫份1cm。

【製作順序】

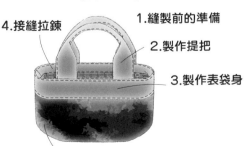

4.接縫拉鍊

1.縫製前的準備

2.製作提把

3.製作表袋身

5.縫合表袋身＆裡袋身・整理完成

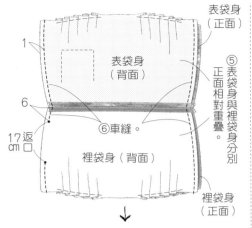

1
6
17 返 cm 口
⑥車縫。

表袋身（正面）
表袋身（背面）

⑤正面相對重疊。
表袋身與裡袋身分別

裡袋身（背面）
裡袋身（正面）

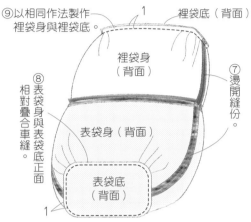

⑨以相同作法製作裡袋身與裡袋底。

1
裡袋底（背面）
裡袋身（背面）

⑦燙開縫份。

⑧表袋身與表袋底正面相對疊合車縫。

表袋身（背面）

表袋底（背面）

1

5.整理完成

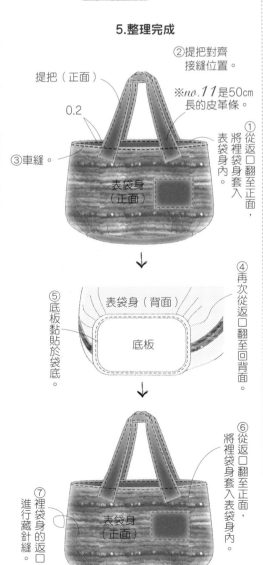

②提把對齊接縫位置。

提把（正面）
0.2

※no.11是50cm長的皮革條。

③車縫。

①從返口翻至正面，將裡袋身套入表袋身內。

表袋身（正面）

④再次從返口翻至回背面。

⑤底板黏貼於袋底。

表袋身（背面）
底板

⑥將裡袋身套入表袋身內。

⑦裡袋身的返口進行藏針縫。

表袋身（正面）

1.縫製前的準備

表袋底（背面）

表袋身（背面）※兩片。

①於表袋身與表袋底的背面熨燙接著襯。

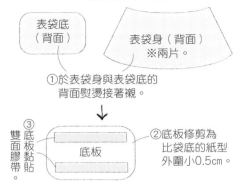

③底板黏貼雙面膠帶。

底板

②底板修剪為比袋底的紙型外圍小0.5cm。

2.製作提把（僅no.23）

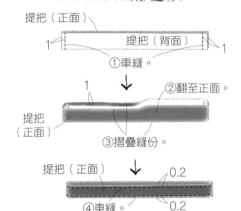

1
提把（背面）
1
①車縫。

②翻至正面。
1
提把（正面）

③摺疊縫份。

提把（正面）
0.2
④車縫。
0.2

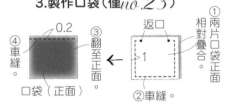

※另一條提把也以相同作法製作。

3.製作口袋（僅no.23）

0.2
④車縫
口袋（正面）

③翻至正面

返口
①兩片口袋正面相對疊合。
1
②車縫。
口袋（正面）

4.製作表袋身&裡袋身並縫合

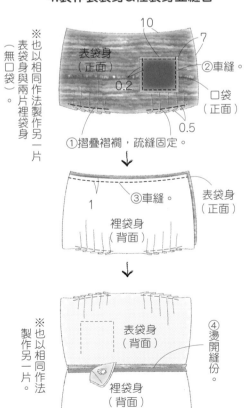

10
7
表袋身（正面）
②車縫。
0.2
口袋（正面）
0.5
①摺疊褶襉，疏縫固定。

※也以相同作法製作表袋身與兩片裡袋身（無口袋）。

1
③車縫。
表袋身（正面）
裡袋身（背面）

※也以相同作法製作另一片

表袋身（背面）
④燙開縫份。
裡袋身（背面）

※製作另一片

no.11   no.23

P.12 no.11（南瓜包）
P.26 no.23（南瓜包）

材料

表布寬145・150cm（羊毛布）	no.11 …50cm
	no.23 …40cm
裡布寬105cm（亞麻布）	no.11 …70cm
	no.23 …120cm
接著襯寬92cm	70cm
雙面膠帶	適量
底板	30cm×25cm
皮革條寬4cm（僅no.11）	100cm

完成尺寸

| 寬 | 33cm | 高 | 21cm | 側身 | 14cm |

原寸紙型 A面

【裁布圖】

※下方為no.23的裁布圖，no.11以表布剪裁表袋底。

※提把與口袋（僅no.23）未附紙型，請依標示的尺寸直接裁剪。

※除了指定處（●內的數字）之外，皆外加縫份1cm。

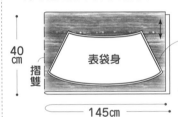

40cm
摺雙
表袋身
表布（正面）
145cm

120cm
裡布（正面）
裡袋身
裡袋身
摺雙
表・裡袋底
0
0
剪開重新摺疊
提把 ※四片。（僅no.23）5.5×50cm
105cm

口袋（僅no.23）14×12cm

【製作順序】

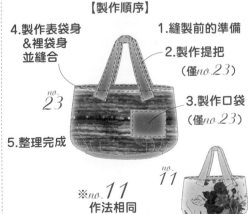

4.製作表袋身&裡袋身並縫合
1.縫製前的準備
2.製作提把（僅no.23）
no.23
3.製作口袋（僅no.23）
5.整理完成

no.11

※no.11作法相同

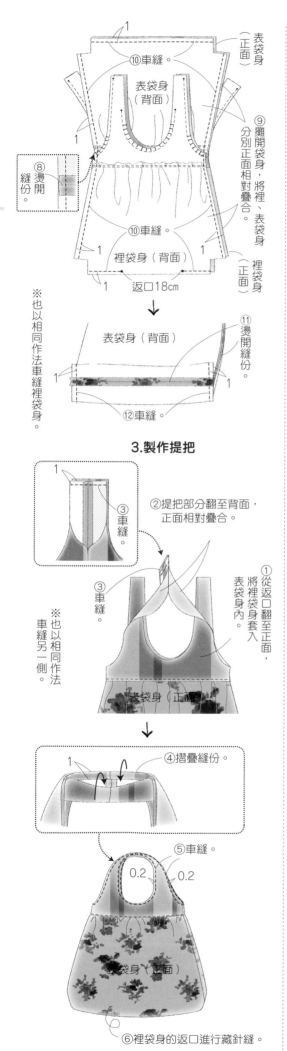

⑩車縫。
表袋身（正面）
表袋身（背面）
⑨攤開袋身，將裡、表袋身分別正面相對疊合。
⑧縫份燙開
⑩車縫。
裡袋身（背面）
裡袋身（正面）
返口18cm
※也以相同作法車縫裡縫袋身。

表袋身（背面）
⑪燙開縫份。
⑫車縫。

3.製作提把

②提把部分翻至背面，正面相對疊合。
③車縫
③車縫
①從返口翻至正面，將裡袋身套入表袋身內。
※也以相同作法車縫另一側。
表袋身（正面）

④摺疊縫份。
⑤車縫
0.2　0.2
表袋身（正面）
⑥裡袋身的返口進行藏針縫。

1.縫製前的準備

表提把（背面）
※兩片。

①表提把的背面熨燙接著襯。

2.製作表袋身&裡袋身

0.3　0.5
①以粗針趾車縫，抽緊上線，抓出皺褶。
表袋身（背面）

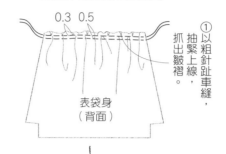

表提把（背面）
②配合提把調整皺褶車縫
表袋身（正面）

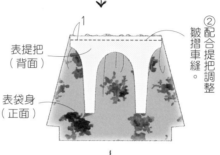

表提把（正面）
④車縫。
③縫份倒向提把。
0.2
表袋身（正面）
※也以相同作法製作另一片表袋身與兩片裡袋身。

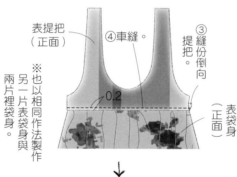

表提把（正面）
⑤表、裡袋身正面相對疊合。
預留9cm
⑥車縫。
裡袋身（背面）
表袋身（正面）

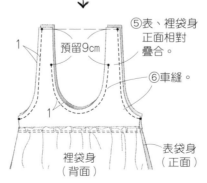

⑦於圓弧處縫份剪牙口。
※也以相同作法製作另一片
裡袋身（背面）

no. 12

P.14　no.12（抓皺包）

材料

表布寬140cm（亞麻印花布）	40cm
配色布寬140cm（亞麻印花布）	30cm
裡布寬110cm（素色棉麻布）	40cm
接著襯寬92cm	30cm

完成尺寸

寬	27cm	高	44cm	側身	8cm

原寸紙型　A面

【裁布圖】

※外加縫份1cm。

表・裡布（正面）
※表布與裡布都依下圖裁剪。

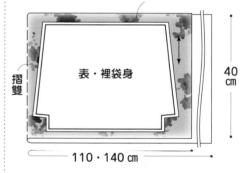

摺雙
表・裡袋身
40cm
110・140 cm

配色布（正面）

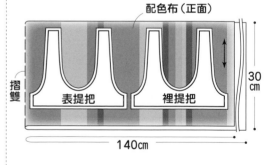

摺雙
表提把　裡提把
30cm
140cm

【製作順序】

1.縫製前的準備

3.製作提把

2.製作表袋身&裡袋身

3.製作提把

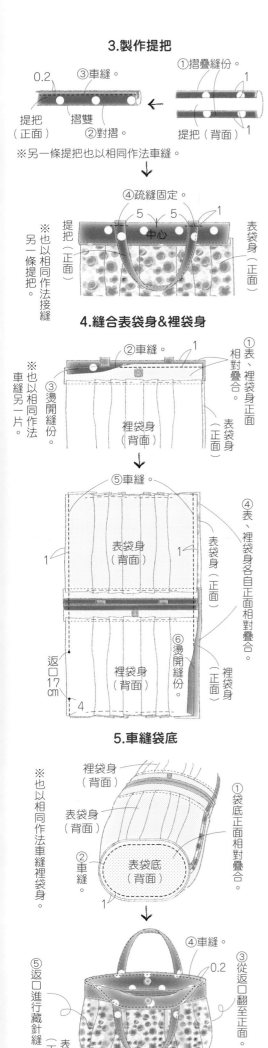

①摺疊縫份。
提把（背面）
1
1
②對摺。
0.2
③車縫。
提把（正面）
摺雙
※另一條提把也以相同作法車縫。

④疏縫固定。
5　5　1
提把（正面）
中心
※也以相同作法接縫另一條提把。
表袋身（正面）

4.縫合表袋身＆裡袋身

②車縫。　1
①表、裡袋身正面相對疊合。
③燙開縫份
裡袋身（背面）
表袋身（正面）
※也以相同作法車縫另一片。

⑤車縫。
表袋身（背面）
1　1
表袋身（正面）
④表、裡袋身各自正面相對疊合。
裡袋身（背面）
裡袋身（正面）
返口17cm
4
⑥燙開縫份。

5.車縫袋底

※也以相同作法車縫裡袋身。
裡袋身（背面）
表袋身（背面）
①袋底正面相對疊合。
②車縫。
表袋底（背面）
1

④車縫。
③從返口翻至正面。
0.2
⑤返口進行藏針縫。
表袋身（正面）

1.縫製前的準備

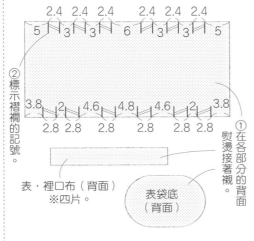

②標示褶襇的記號。
2.4　2.4　2.4　2.4　2.4　2.4
5　3　3　6　3　3　5
3.8　2　4.6　4.8　4.6　2　3.8
2.8　2.8　2.8　2.8　2.8　2.8
①在各部分的背面熨燙接著襯。

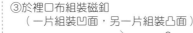
表・裡口布（背面）
※四片。
表袋底（背面）

③於裡口布組裝磁釦
（一片組裝凹面，另一片組裝凸面）
3
裡口布（背面）
中心

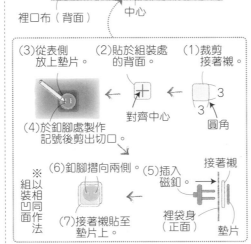
（3）從表側放上墊片。
（2）貼於組裝處的背面。
（1）裁剪接著襯。
3　3　圓角
對齊中心
（4）於釦腳處製作記號後剪出切口。
（5）插入磁釦。
（6）釦腳摺向兩側。
接著襯
裡袋身（正面）
墊片
（7）接著襯貼至墊片上。
※組以相同作法組裝凹面。

2.製作表袋身＆裡袋身

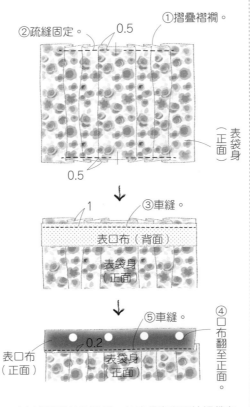
②疏縫固定。
①摺疊褶襇。
0.5
0.5
表袋身（正面）

1
③車縫。
表口布（背面）
表袋身（正面）

⑤車縫。
0.2
表口布（正面）
表袋身（正面）
④口布翻至正面。
※也以相同作法製作另一片表袋身與兩片裡袋身。

no.13

P.15 no.13（祖母包）

材料

表布寬137cm（棉帆布）	30cm
配色寬137cm（棉帆布）	20cm
裡布寬110cm（素色棉麻布）	30cm
磁釦直徑1.8cm	1個
接著襯寬92cm	50cm

完成尺寸

寬	27cm	高	21cm	側身	12cm

原寸紙型	A面

【裁布圖】
※除了表袋底與裡袋底之外，
其餘皆未附紙型，請依標示的尺寸直接裁剪。
※外加縫份1cm。

表・裡布（正面）
※表布與裡布都依下圖裁剪。
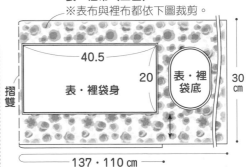
摺雙
表・裡袋身
40.5
20
表・裡袋底
30cm
137・110 cm

配色布（正面）
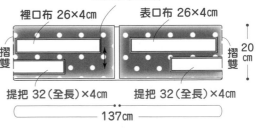
裡口布 26×4cm
表口布 26×4cm
摺雙
摺雙
20cm
提把 32（全長）×4cm
提把 32（全長）×4cm
137cm

【製作順序】

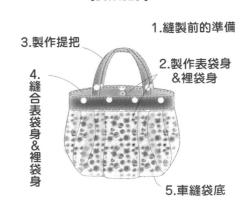
1.縫製前的準備
3.製作提把
2.製作表袋身＆裡袋身
4.縫合表袋身＆裡袋身
5.車縫袋底

3.縫合表袋身＆裡袋身

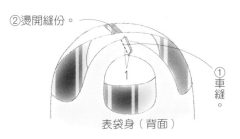

②燙開縫份。

①車縫。

表袋身（背面）

※裡袋身的提把也以相同作法接合車縫。

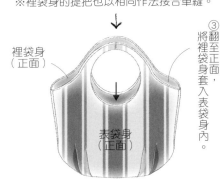

③將裡袋身套入表袋身內，翻至正面。

裡袋身（正面）

表袋身（正面）

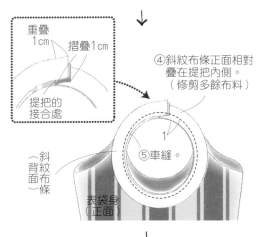

重疊1cm　摺疊1cm

提把的接合處

④斜紋布條正面相對疊在提把內側。（修剪多餘布料）

斜紋布條（背面）

①
⑤車縫。

表袋身（正面）

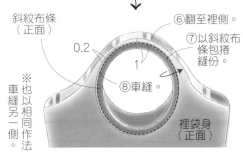

斜紋布條（正面）

0.2

⑥翻至裡側。

⑦以斜紋布條包捲縫份。

⑧車縫。

※也以相同作法車縫另一側。

裡袋身（正面）

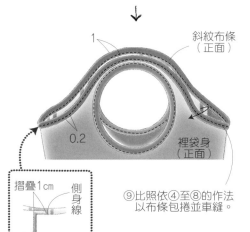

斜紋布條（正面）

1

0.2

摺疊1cm　側身線

重疊1cm

裡袋身（正面）

⑨比照依④至⑧的作法以布條包捲並車縫。

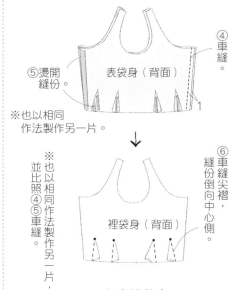

④車縫。

⑤燙開縫份。

表袋身（背面）

※也以相同作法製作另一片。

裡袋身（背面）

⑥車縫尖褶，縫份倒向中心側。

※也以相同作法製作另一片，並比照④⑤車縫。

2.車縫袋底

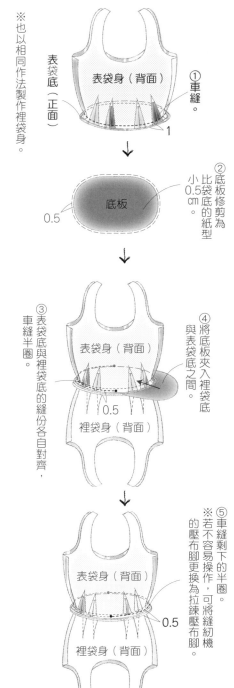

表袋身（背面）

表袋底（正面）

①車縫。

1

底板

0.5

②底板修剪為小0.5cm比袋底的紙型

表袋身（背面）

③表袋底與裡袋底的縫份各自對齊，車縫半圈。

④將底板夾入裡袋底之間。

0.5

表袋身（背面）

裡袋身（背面）

0.5

⑤車縫剩下的半圈。

※若不容易操作，可將縫紉機的壓布腳更換為拉鍊壓布腳。

裡袋身（背面）

※也以相同作法製作裡袋身。

no.14

P.16　no.14（圓提包）

材料

表布寬135cm（亞麻布）	60cm
裡布寬100cm（棉麻水洗布）	60cm
接著襯寬92cm	60cm
滾邊斜紋布條寬1cm	200cm
底板寬25cm	15cm

完成尺寸

寬	40cm	高	32cm	側身	12cm

原寸紙型　A面

【裁布圖】

※除了指定處（●內的數字）之外，皆外加縫份1cm。

表・裡布（正面）
※表布・裡布均如下圖裁剪。

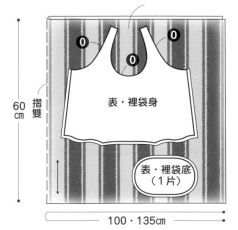

0　0

0

60cm

摺雙

表・裡袋身

表・裡袋底（1片）

100・135cm

【製作順序】

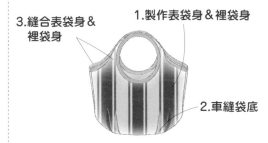

3.縫合表袋身＆裡袋身

1.製作表袋身＆裡袋身

2.車縫袋底

1.製作表袋身＆裡袋身

①表袋身與表袋底的背面熨燙接著襯。

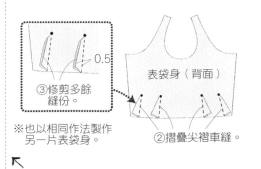

③修剪多餘縫份。

0.5

表袋身（背面）

②摺疊尖褶車縫。

※也以相同作法製作另一片表袋身。

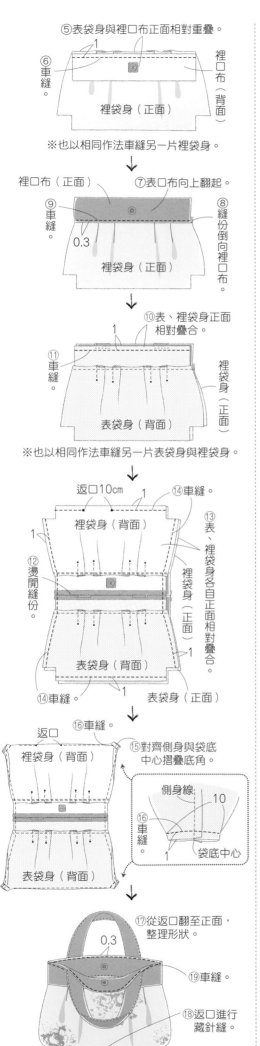

⑤表袋身與裡口布正面相對重疊。

⑥車縫。

裡口布（背面）

裡袋身（正面）

※也以相同作法車縫另一片裡袋身。

裡口布（正面）

⑦表口布向上翻起。

⑨車縫。

0.3

⑧縫份倒向裡口布。

裡袋身（正面）

⑩表、裡袋身正面相對疊合。

⑪車縫。

裡袋身（正面）

表袋身（背面）

※也以相同作法車縫另一片表袋身與裡袋身。

返口10cm

⑭車縫。

裡袋身（背面）

⑫燙開縫份。

⑬表、裡袋身各自正面相對疊合。

裡袋身（正面）

表袋身（背面）

⑭車縫。

表袋身（正面）

返口

⑯車縫。

裡袋身（背面）

⑮對齊側身與袋底中心摺疊底角。

側身線 10

⑯車縫。

袋底中心

表袋身（背面）

⑰從返口翻至正面，整理形狀。

0.3

⑲車縫。

⑱返口進行藏針縫。

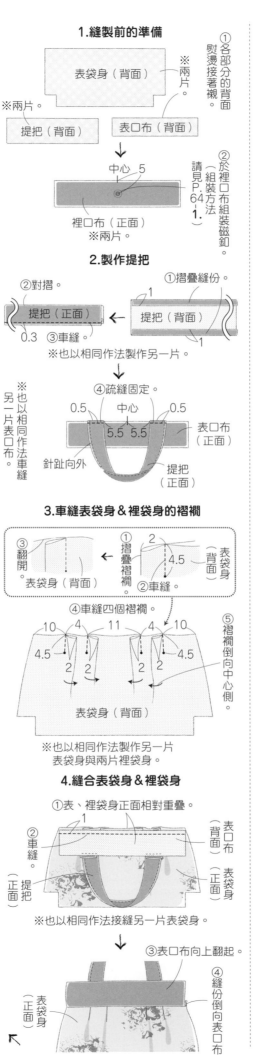

1.縫製前的準備

表袋身（背面）

※兩片。

①各部分的背面熨燙接著襯。

提把（背面）

表口布（背面）

※兩片。

中心 5

②於裡口布組裝磁釦。（組裝方法請見P.64 1.）

裡口布（正面）

※兩片。

2.製作提把

②對摺。

提把（正面）

0.3

③車縫。

①摺疊縫份。

提把（背面）

※也以相同作法製作另一片。

※也以相同作法車縫另一片表口布。

④疏縫固定。

0.5 中心 0.5

5.5 5.5

表口布（正面）

針趾向外

提把（正面）

3.車縫表袋身＆裡袋身的褶襉

③翻開

表袋身（背面）

②車縫。

①摺疊褶襉

表袋身（背面）

④車縫四個褶襉。

10 4 11 4 10

4.5 4.5

2 2 2 2

表袋身（背面）

⑤褶襉倒向中心側。

※也以相同作法製作另一片表袋身與兩片裡袋身。

4.縫合表袋身＆裡袋身

①表、裡袋身正面相對重疊。

②車縫。

表口布（背面）

表袋身（背面）

正面 提把

表袋身（正面）

※也以相同作法接縫另一片表袋身。

③表口布向上翻起。

裡口布（正面）

表袋身（正面）

④縫份倒向表口布。

P.17 no.15 （祖母包）

材料

表布寬140cm（印花亞麻布）	30cm
配色布寬105cm（素色麻布）	40cm
裡布寬140cm（素色亞麻布）	30cm
接著襯寬92cm	80cm
磁釦直徑1.8cm	1個

完成尺寸

寬	37cm	高	28cm	側身	10cm

【裁布圖】

※未附原寸紙型，請依標示的尺寸直接裁剪。
※外加縫份1cm。

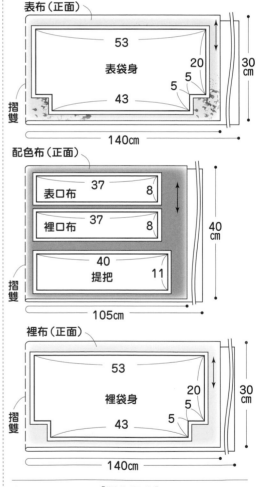

表布（正面）

53
20
5
表袋身
43
5

30cm

摺雙

140cm

配色布（正面）

表口布 37 8
裡口布 37 8
提把 40 11

40cm

摺雙

105cm

裡布（正面）

53
20
5
裡袋身
43
5

30cm

摺雙

140cm

【製作順序】

4.縫合表袋身＆裡袋身

1.縫製前的準備

2.製作提把

3.車縫表袋身＆裡袋身的褶襉

2.製作提把

①布襯尺寸修剪為與提把布相同後，疊於背面。

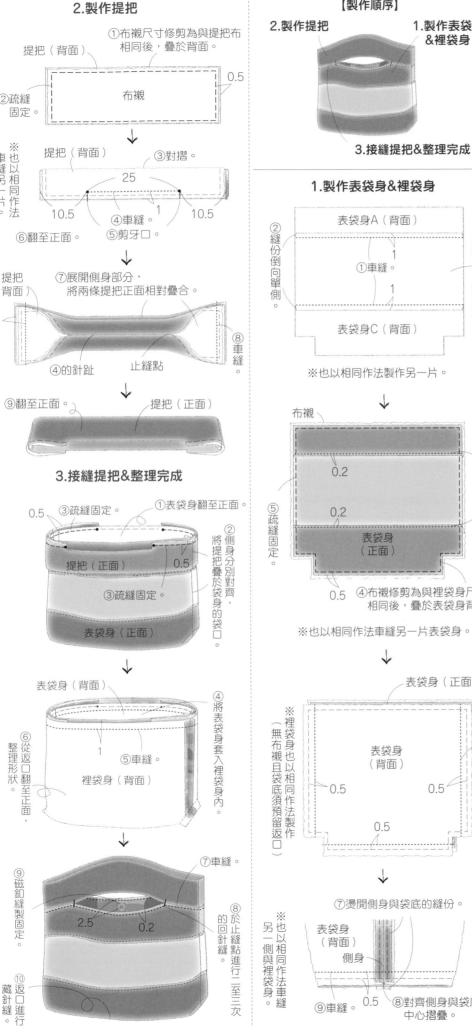

提把（背面）

②疏縫固定。

布襯

0.5

※也以相同作法車縫另一片。

提把（背面）

③對摺。

25

10.5　④車縫。　1　10.5

⑤剪牙口。

⑥翻至正面。

⑦展開側身部分，將兩條提把正面相對疊合。

提把（背面）

1

④的針趾　止縫點

⑧車縫。

⑨翻至正面。

提把（正面）

3.接縫提把&整理完成

①表袋身翻至正面。

③疏縫固定。

0.5

提把（正面）　0.5

②將側身分別對齊，把提把疊於袋身的袋口。

③疏縫固定。

表袋身（正面）

表袋身（背面）

1

⑤車縫。

裡袋身（背面）

④將表袋身套入裡袋身內。

⑥從返口翻至正面，整理形狀。

⑦車縫。

⑨磁釦縫製固定。

2.5　0.2

⑧於止縫點的回針縫。

⑩返口藏針縫進行。

⑧的回針縫進行二至三次。

【製作順序】

2.製作提把

1.製作表袋身&裡袋身

3.接縫提把&整理完成

1.製作表袋身&裡袋身

②縫份倒向單側。

表袋身A（背面）

①車縫。　1

表袋身B（背面）

1

③車縫。

表袋身C（背面）

※也以相同作法製作另一片。

布襯

0.2

0.2

表袋身（正面）

⑤疏縫固定。

④布襯修剪為與裡袋身尺寸相同後，疊於表袋身背面。

0.5

※也以相同作法車縫另一片表袋身。

表袋身（正面）

※裡袋身也以相同作法製作（無布襯且袋底須預留返口）

表袋身（背面）

0.5　0.5

⑥車縫。

0.5

⑦燙開側身與袋底的縫份。

※也以相同作法車縫另一側裡袋身。

表袋身（背面）

側身

⑨車縫。　0.5

⑧對齊側身與袋底中心摺疊。

no.18

P.20　no.18（方形包）

材料

表布寬110cm（水洗帆布）	50cm
配色布寬110cm（水洗帆布）	30cm
裡布寬110cm（棉麻印花布）	50cm
手縫式磁釦直徑1.5cm	1組
接著襯寬95cm	70cm

完成尺寸

寬	44cm	高	40cm	側身	10cm

【裁布圖】

※未附原寸紙型，請依標示的尺寸直接裁剪。
※外加縫份1cm。

表布（正面）

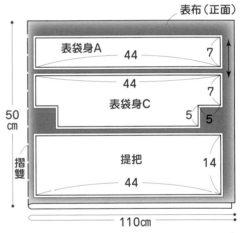

表袋身A　44　7

44　7

表袋身C　5　5

50cm

提把　14

44

摺雙

110cm

配色布（正面）

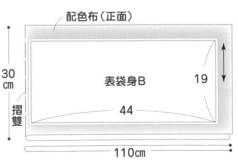

30cm

表袋身B　19

44

摺雙

110cm

裡布（正面）

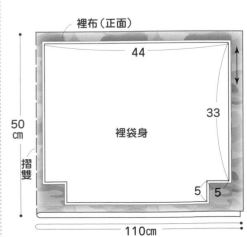

44

50cm

裡袋身　33

摺雙　5　5

110cm

【裁布圖】

※除表側身、裡側身、表袋底與裡袋底未附紙型之外，其餘請依標示的尺寸直接裁剪。
※外加縫份1cm。

【no.16（M）】

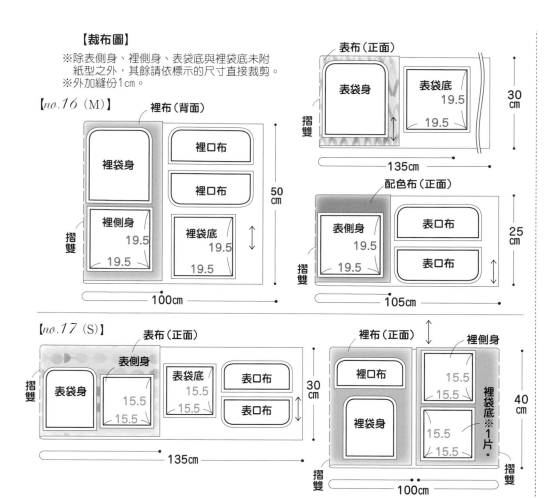

裡布（背面）

裡袋身　裡口布　裡口布　50cm

裡側身　19.5　19.5　裡袋底　19.5　19.5

摺雙

100cm

表布（正面）

表袋身　表袋底　19.5　19.5　30cm

摺雙

135cm

配色布（正面）

表側身　19.5　19.5　表口布　表口布　25cm

摺雙

105cm

【no.17（S）】

表布（正面）

表側身

表袋身　15.5　15.5　表袋底　15.5　15.5　表口布　表口布　30cm

摺雙

135cm

裡布（正面）

裡口布　裡側身　15.5　15.5　裡袋身　15.5　15.5　裡袋底※1片。　40cm

摺雙　100cm　摺雙

P.18 no.16 & no.17
（Cube bag M&S size）

材料

	no.17（S）	no.16（M）
表布135cm（棉麻帆布）	30cm	30cm
配色布寬105（素色麻布）	—	25cm
裡布100cm（棉麻水洗布）	40cm	50cm
接著襯寬92cm	40cm	50cm
拉鍊	20cm1條	25cm1條
底板厚0.15cm厚20cm寬	20cm	20cm
軟皮革寬4cm	50cm	50cm

完成尺寸

no.17（S）
| 寬 | 15.5cm | 高 | 18.5cm | 側身 | 15.5cm |

no.16（M）
| 寬 | 19.5cm | 高 | 23cm | 側身 | 19.5cm |

原寸紙型　A面

---

⑥也以相同作法車縫另一側。

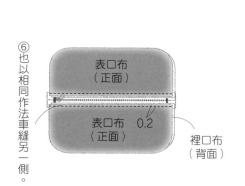

表口布（正面）

表口布　0.2　（正面）　裡口布（背面）

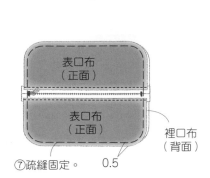

表口布（正面）

表口布（正面）

⑦疏縫固定。　0.5　裡口布（背面）

2.接縫拉鍊

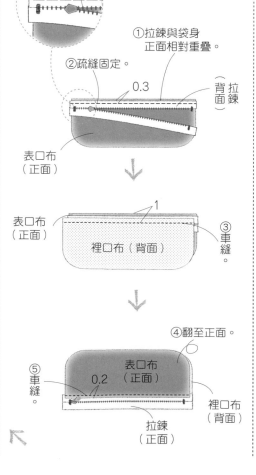

1　0.7

①拉鍊與袋身正面相對重疊。
②疏縫固定。　0.3
（背面）拉鍊

表口布（正面）

1

表口布（正面）　裡口布（背面）　③車縫。

④翻至正面。

⑤車縫　表口布　0.2　（正面）　裡口布（背面）

拉鍊（正面）

【製作順序】

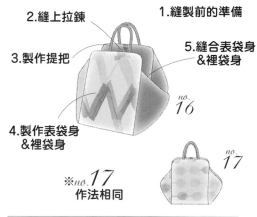

2.縫上拉鍊
1.縫製前的準備
5.縫合表袋身&裡袋身
3.製作提把
4.製作表袋身&裡袋身

no.16

※no.17作法相同

no.17

1.縫製前的準備

①在表布各部分背面熨燙接著襯。

表袋身（背面）※兩片。　表側身（背面）※兩片。

表袋底（背面）　表口布（背面）　表口布（背面）

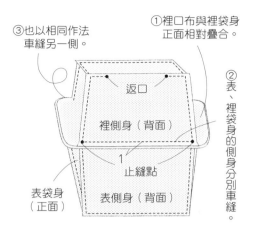

5.縫合表袋身＆裡袋身

③也以相同作法車縫另一側。

①裡口布與裡袋身正面相對疊合。

②表、裡袋身的側身分別車縫。

返口

裡側身（背面）

止縫點

表袋身（正面）

表側身（背面）

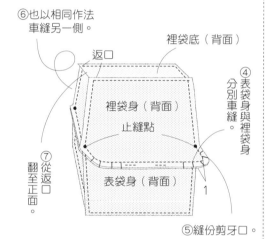

⑥也以相同作法車縫另一側。

裡袋底（背面）

返口

裡袋身（背面）

止縫點

表袋身（背面）

④表袋身與裡袋身分別車縫。

⑦從返口翻至正面。

⑤縫份剪牙口。

⑨底板修剪為比袋底外圍小0.5cm後，從返口塞入袋底。

修剪圓角

底板

袋底

0.5

⑧將裡袋身套入表袋身內。

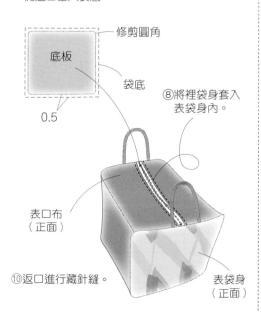

表口布（正面）

⑩返口進行藏針縫。

表袋身（正面）

表袋身（背面）

⑥袋底正面相對疊合。

表袋底（背面）

⑦車縫。

表側身（背面）

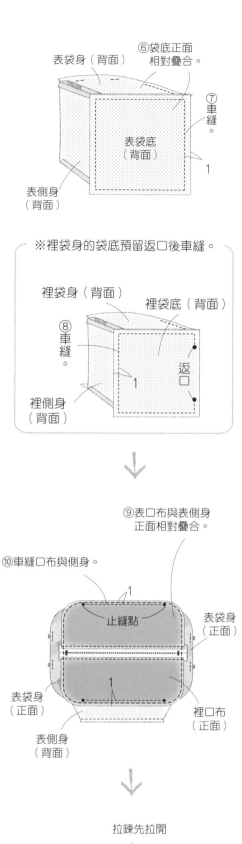

※裡袋身的袋底預留返口後車縫。

裡袋身（背面）

裡袋底（背面）

⑧車縫。

返口

裡側身（背面）

⑨表口布與表側身正面相對疊合。

⑩車縫口布與側身。

止縫點

表袋身（正面）

表側身（背面）

表袋身（正面）

裡口布（正面）

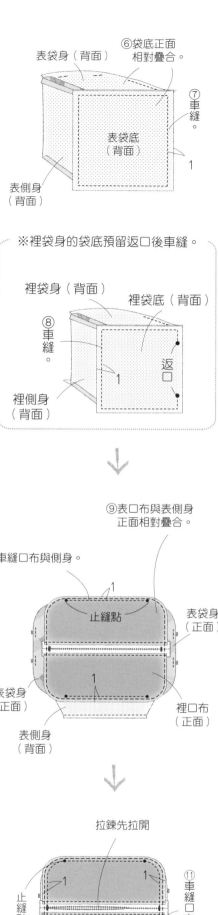

拉鍊先拉開

止縫點

裡口布（正面）

⑪車縫口布與表袋身。

表側身（背面）

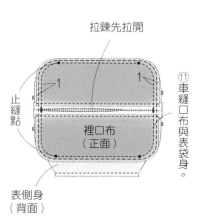

3.製作提把

①皮革對裁（寬2cm）。

皮革（正面）

2

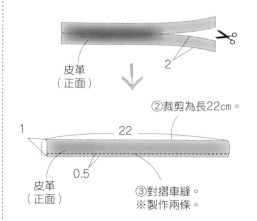

②裁剪為長22cm。

1

22

0.5

皮革（正面）

③對摺車縫。
※製作兩條。

4.製作表袋身＆裡袋身

①對齊接縫提把處，疏縫固定。

※另一片作法相同。

0.5

提把（正面）

表袋身（正面）

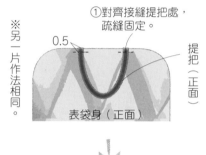

表袋身（正面）

縫至止縫點

表側身（背面）

②車縫。

表側身（背面）

縫至記號

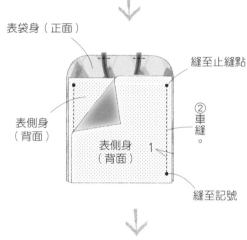

③另一片的表袋身正面相對疊合。

表袋身（正面）

④車縫。

表袋身（背面）

表側身（背面）

⑤燙開縫份。

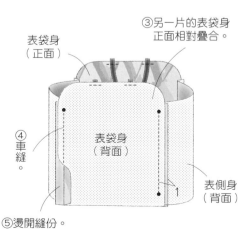

※依②至⑤的作法車縫裡袋身與裡側身。

Part 2 手提包

1.縫製前的準備

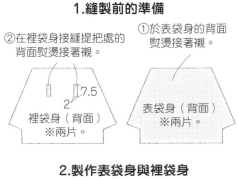

②在裡袋身接縫提把處的背面熨燙接著襯。

①於表袋身的背面熨燙接著襯。

裡袋身（背面）※兩片。
7.5
2

表袋身（背面）※兩片。

2.製作表袋身與裡袋身

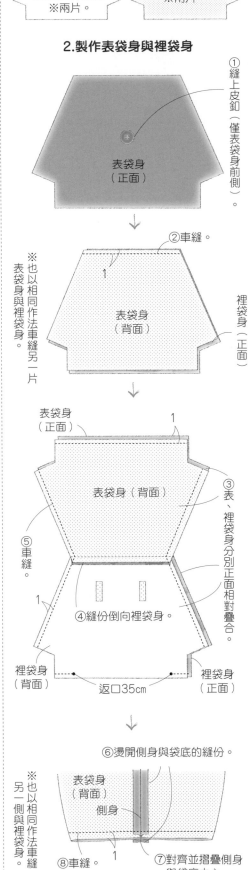

①縫上皮釦（僅表袋身前側）。

表袋身（正面）

②車縫。
1

表袋身（背面）

※也以相同作法車縫另一片表袋身與裡袋身。

裡袋身（正面）

表袋身（正面）
1

③表、裡袋身分別正面相對疊合。

表袋身（背面）

⑤車縫。

④縫份倒向裡袋身。

1

裡袋身（背面）
返口35cm
裡袋身（正面）

⑥燙開側身與袋底的縫份。

表袋身（背面）
側身

※也以相同作法車縫另一側與裡袋身。

⑧車縫。
1

⑦對齊並摺疊側身與袋底中心。

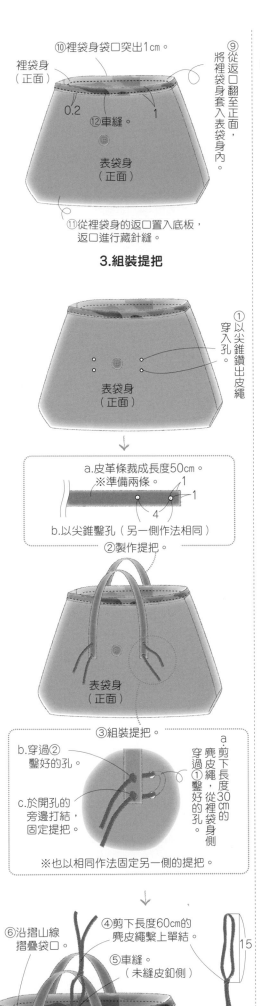

⑩裡袋身袋口突出1cm。

裡袋身（正面）
0.2
⑫車縫。
1

表袋身（正面）

⑪從裡袋身的返口置入底板，返口進行藏針縫。

⑨將裡袋身套入表袋身內。

3.組裝提把

表袋身（正面）

①以尖錐鑽出皮繩穿入孔。

a.皮革條裁成長度50cm。※準備兩條。
1 1
4
b.以尖錐鑿孔（另一側作法相同）

②製作提把。

表袋身（正面）

③組裝提把。

b.穿過②鑿好的孔。

c.於開孔的旁邊打結，固定提把。

a.剪下長度30cm的麂皮繩，穿過①鑿好的孔，從裡袋身側

※也以相同作法固定另一側的提把。

⑥沿摺山線摺疊袋口

④剪下長度60cm的麂皮繩繫上單結。

⑤車縫。（未縫皮釦側）
5
15

P.21 *no.19*（皮革提把帆布包）

材料

材料	
表布寬110cm（水洗帆布）	50cm
裡布寬110cm（棉麻印花布）	50cm
接著襯寬92cm	90cm
皮革條寬2cm	100cm
麂皮繩寬0.3cm	180cm
皮釦直徑3cm	1個
底板寬43cm	15cm

完成尺寸

寬	31cm	高	28cm	側身	15cm

原寸紙型 A面

【裁布圖】

※除了指定處（●內的數字）之外，皆外加縫份1cm。

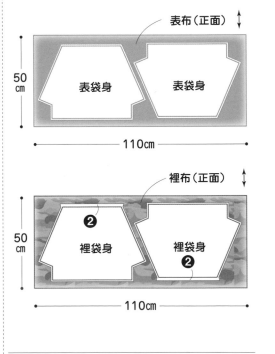

表布（正面）
50cm
表袋身　表袋身
110cm

裡布（正面）
50cm
裡袋身 ❷　裡袋身 ❷
110cm

【製作順序】

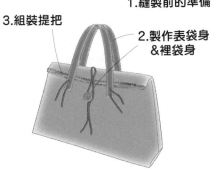

1.縫製前的準備

3.組裝提把

2.製作表袋身＆裡袋身

左側

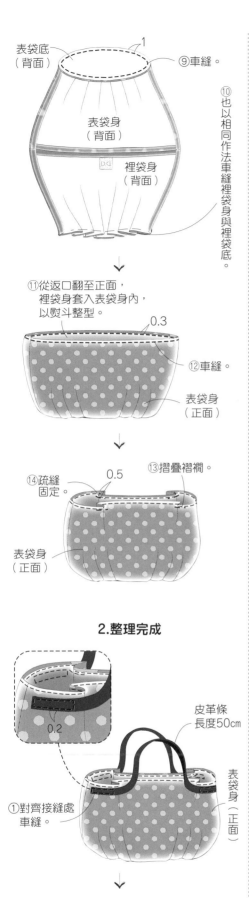

表袋底（背面）　⑨車縫。

1

表袋身（背面）

裡袋身（背面）

⑩也以相同作法車縫裡袋身與裡袋底。

⑪從返口翻至正面，裡袋身套入表袋身內，以熨斗整型。

0.3　⑫車縫。

表袋身（正面）

⑭疏縫固定。　0.5　⑬摺疊褶襉。

表袋身（正面）

2.整理完成

皮革條 長度50cm

①對齊接縫處車縫。　0.2

表袋身（正面）

②返口進行藏針縫。

裡袋身（正面）

中間

1.製作袋身

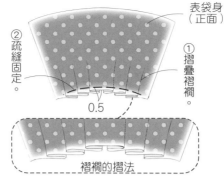

②疏縫固定。

表袋身（正面）

①摺疊褶襉。

0.5

褶襉的摺法

※也以相同作法車縫另一片表袋身與兩片裡袋身。

③組裝磁釦。（方法請見P.64-1.）

裡袋身（正面）

接著襯　3

裡袋身（背面）　3

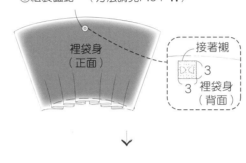

④皮繩疏縫固定於裡袋身。

皮繩 30cm　0.5

裡袋身（背面）

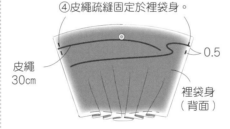

1

裡袋身（背面）　⑤車縫。

表袋身（正面）

※也以相同作法車縫另一片。

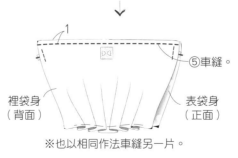

返口 15cm

裡袋身（背面）　⑥燙開縫份。

表袋身（背面）

⑧燙開縫份。　⑦車縫。

1

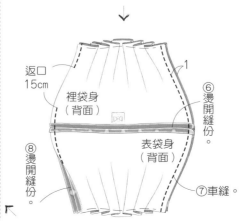

右側

no. 20

P.22　no.20（氣球包）

材料

表布寬140cm（羊毛）	40cm
裡布寬110cm（素色棉麻布）	110cm
配色布寬105cm（帆布）	30cm
磁釦直徑1.8cm	1組
皮革條寬2cm	100cm
皮繩寬0.3cm	60cm

完成尺寸

寬	45cm	高	30cm	側身	20cm

原寸紙型　A面

【裁布圖】

※外加縫份1cm。

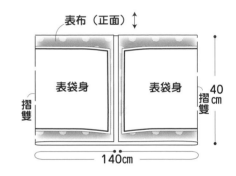

表布（正面）

表袋身　表袋身

摺雙　摺雙

40cm　140cm

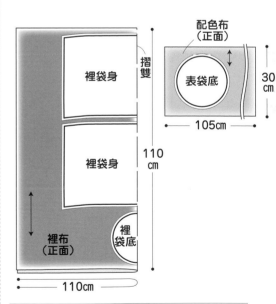

裡袋身　裡袋身　摺雙

裡布（正面）　裡袋底

110cm

配色布（正面）

表袋底

30cm　105cm

【製作順序】

1.製作袋身

2.整理完成

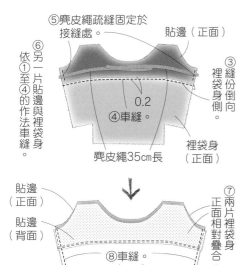

⑥依①至④的作法車縫。

⑤麂皮繩疏縫固定於接縫處。

貼邊（正面）

0.2

④車縫。

③縫份倒向裡袋身側。

麂皮繩35cm長

裡袋身（正面）

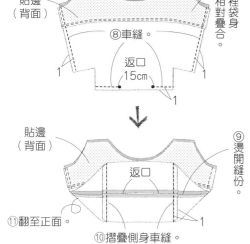

貼邊（正面）

貼邊（背面）

⑧車縫。

返口15cm

1

⑦兩片裡袋身正面相對疊合。

1

1

貼邊（背面）

返口

⑨燙開縫份。

⑪翻至正面。

⑩摺疊側身車縫。

1

5.縫合表袋身＆裡袋身

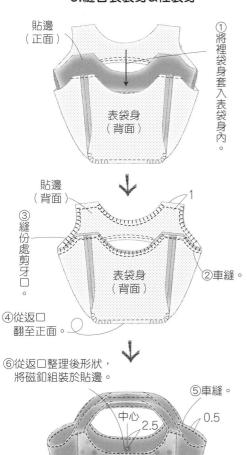

貼邊（正面）

①將裡袋身套入表袋身內。

表袋身（背面）

貼邊（背面）

1

③縫份處剪牙口。

②車縫。

表袋身（背面）

④從返口翻至正面。

⑥從返口整理後形狀，將磁釦組裝於貼邊。

中心 2.5

0.5

⑤車縫。

表袋身（正面）

⑦返口進行藏針縫。

1.縫製前的準備

①於表袋身、側身、提把、表袋底與貼邊的背面熨燙接著襯。

2.製作提把

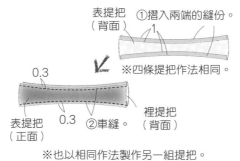

表提把（背面）

①摺入兩端的縫份。

1

※四條提把作法相同。

0.3

表提把（正面）

0.3

②車縫。

裡提把（背面）

※也以相同作法製作另一組提把。

3.製作表袋身

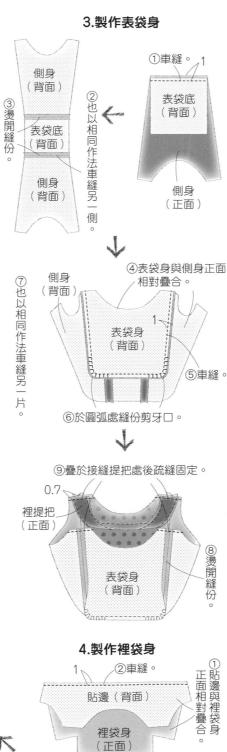

側身（背面）

③燙開縫份。

表袋底（背面）

側身（背面）

①車縫。

1

表袋底（背面）

②也以相同作法車縫另一側。

側身（正面）

④表袋身與側身正面相對疊合。

側身（背面）

表袋身（背面）

1

⑤車縫。

⑦也以相同作法車縫另一片。

⑥於圓弧處縫份剪牙口。

⑨疊於接縫提把處後疏縫固定。

0.7

裡提把（正面）

表袋身（背面）

⑧燙開縫份。

4.製作裡袋身

1

②車縫。

貼邊（背面）

①貼邊與裡袋身正面相對疊合。

裡袋身（正面）

P.24 no.21（羊毛包）

材料

表布寬150cm（羊毛布）	40cm
裡布寬110cm（素色棉麻布）	30cm
配色布寬105cm（素色麻布）	70cm
接著襯寬92cm	100cm
磁釦直徑1.8cm	1組
麂皮繩寬5mm	70cm

完成尺寸

寬	50cm	高	28cm	側身	16cm

原寸紙型 A面

【裁布圖】

※表袋底未附原寸紙型，請依標示的尺寸直接裁剪。
※外加縫份1cm。

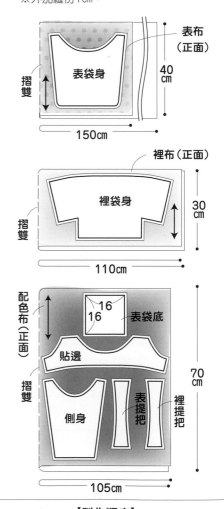

表布（正面）

摺雙

表袋身

40cm

150cm

裡布（正面）

摺雙

裡袋身

30cm

110cm

配色布（正面）

16 16 表袋底

貼邊

摺雙

側身

表提把

裡提把

70cm

105cm

【製作順序】

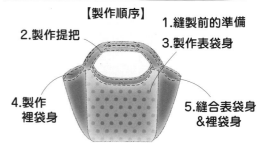

1.縫製前的準備

2.製作提把

3.製作表袋身

4.製作裡袋身

5.縫合表袋身＆裡袋身

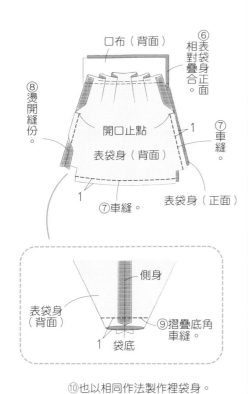

口布（背面）

⑥相對疊合
表袋身正面

⑧燙開縫份。

開口止點

表袋身（背面）

⑦車縫。

1

1

⑦車縫。

表袋身（正面）

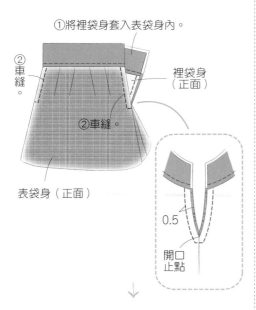

側身

表袋身（背面）

⑨摺疊底角車縫。

1　袋底

⑩也以相同作法製作裡袋身。

4.縫合表袋身＆裡袋身

①將裡袋身套入表袋身內。

②車縫。

裡袋身（正面）

②車縫。

表袋身（正面）

0.5

開口止點

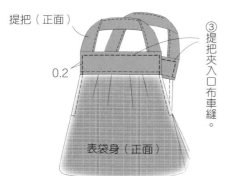

提把（正面）

0.2

③提把夾入口布車縫。

表袋身（正面）

1.縫製前的準備

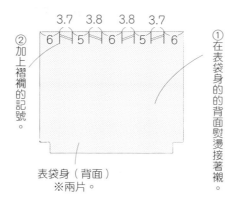

3.7　3.8　3.8　3.7

6　5　6　5　6

②加上褶襇的記號。

①在表袋身的的背面熨燙接著襯。

表袋身（背面）
※兩片。

2.製作提把

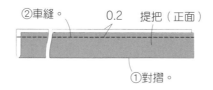

②車縫。

0.2　提把（正面）

①對摺。

3.製作袋身

褶襇的摺法

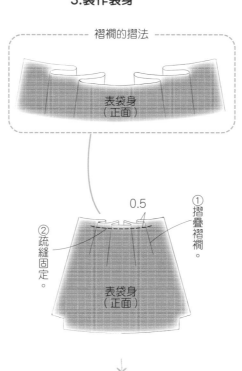

表袋身（正面）

0.5

①摺疊褶襇。

②疏縫固定。

表袋身（正面）

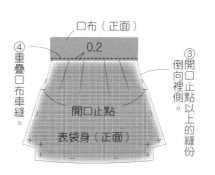

口布（正面）

0.2

④重疊口布車縫。

③開口止點倒向裡側以上的縫份。

開口止點

表袋身（正面）

⑤也以相同作法車縫另一片。

no.
22

P.25　no.22（縱長褶襇包）

材料

表布寬145cm（斜紋軟呢布）	50cm
裡布寬105cm（素色麻布）	50cm
接著襯寬92cm	50cm
皮革寬55cm	40cm

※縫皮革時，請使用皮革針製作。

完成尺寸

寬	26cm	高	41cm	側身	7cm

【裁布圖】

※未附原寸紙型，
請依標示的尺寸直接裁剪。
※外加縫份1cm。

表・裡布（正面）
※表布・裡布均如下圖裁剪

摺雙

41

表・裡袋身　33

50cm

3.5

3.5

145・105cm

※皮革直接裁剪。（不外加縫份）

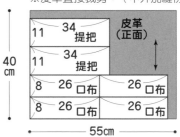

皮革（正面）

11　34　提把

11　34　提把

40cm

8　26　口布　26　口布

8　26　口布　26　口布

55cm

【製作順序】

4.縫合表袋身＆裡袋身

2.製作提把

3.製作袋身

1.縫製前的準備

2.製作袋蓋布

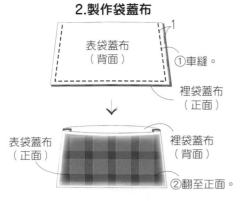

表袋蓋布（背面）
①車縫。
裡袋蓋布（正面）

表袋蓋布（正面）
裡袋蓋布（背面）
②翻至正面。

※也以相同作法製作另一片。

3.製作提把

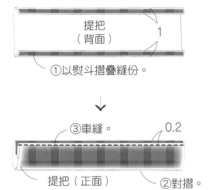

提把（背面）
①以熨斗摺疊縫份。

③車縫。 0.2
提把（正面）
②對摺。

4.整理完成

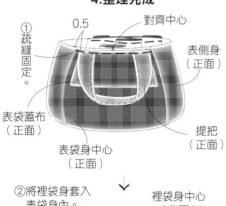

①疏縫固定。
0.5
對齊中心
表側身（正面）
表袋蓋布（正面）
提把（正面）
表袋身中心（正面）

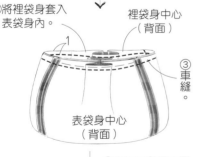

②將裡袋身套入表袋身內。
裡袋身中心（背面）
1
③車縫。
表袋身中心（背面）
④從返口翻至正面，以熨斗整燙。

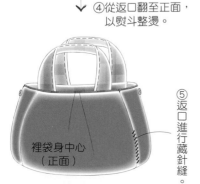

⑤返口進行藏針縫。
裡袋身中心（正面）

【製作順序】

3.製作提把
2.製作袋蓋布
1.製作袋身
4.整理完成

no.25
no.24

※no.24 作法相同

提把套的作法

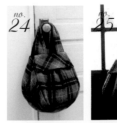

1
1
10
12
皮革（正面）
①裁剪皮革。
※修剪成圓角
②組裝四合釦。

1.製作袋身

①組裝磁釦。
※組裝方法請見P.77-2.

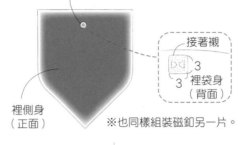

裡側身（正面）

接著襯
3
3
裡袋身（背面）

※也同樣組裝磁釦另一片。

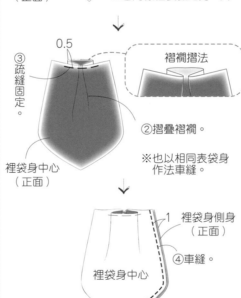

0.5
③疏縫固定。
褶襇摺法
②摺疊褶襇。
裡袋身中心（正面）
※也以相同表袋身作法車縫。

1
裡袋身側身（正面）
④車縫。
裡袋身中心
⑤燙開縫份。

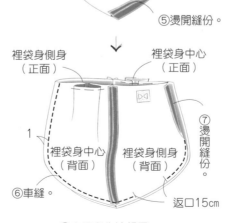

裡袋身側身（正面）
裡袋身中心（正面）
1
裡袋身中心（背面）
裡袋身側身（背面）
⑥車縫。
⑦燙開縫份。
返口15cm
⑧表袋身作法相同，但不需預留返口。

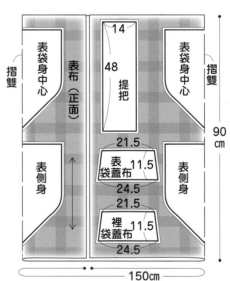

no.24
no.25

P.28 no.24（前蓋包）
P.29 no.25（前蓋包）

材料

表布寬150cm（羊毛布）	90cm
裡布寬105cm（素色麻布）	90cm
接著襯寬10cm	10cm
磁釦直徑1.8cm	1組
提把套材料※僅no.24	皮革10×12cm 四合釦直徑1.3cm兩組

完成尺寸

寬	32cm	高	26.5cm	側身	30cm

原寸紙型 **A面**

【裁布圖】

※下方為no.25的裁布圖。
※no.24是以表布裁剪裡袋蓋布。
※no.24的表．裡袋蓋布為45°斜裁之斜紋布。
※提把與表．裡袋蓋布未附紙型，請依標示的尺寸直接裁剪。
※外加縫份1cm。

表袋身中心
摺雙
表布（正面）
14
48
提把
表袋蓋布
21.5
11.5
24.5
21.5
裡袋蓋布
11.5
24.5
表側身
表袋身中心
摺雙
表側身
90cm
150cm

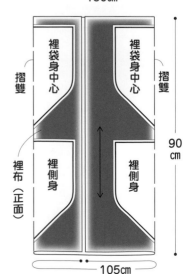

裡袋身中心
摺雙
裡布（正面）
裡袋身中心
摺雙
裡側身
裡側身
90cm
105cm

Part 3 肩背包

4.組裝袋身

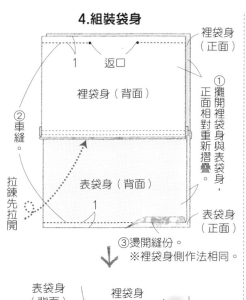

裡袋身（正面）
返口
1
裡袋身（背面）
②車縫。
①攤開裡袋身與表袋身，正面相對重新摺疊。
拉鍊先拉開
表袋身（背面）
1
表袋身（正面）
③燙開縫份。
※裡袋身側作法相同。

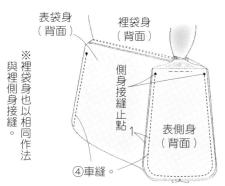

表袋身（背面）
裡袋身（背面）
側身接縫止點
※裡袋身也以相同作法與裡側身接縫。
1
表側身（背面）
④車縫。

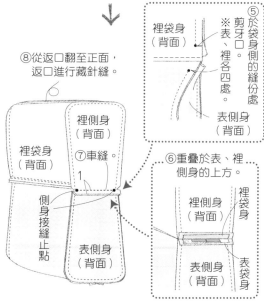

裡袋身（背面）
⑤於袋身側的縫份處剪牙口。
※表、裡各四處。
表側身（背面）
⑧從返口翻至正面，返口進行藏針縫。
裡側身（背面）
裡袋身（背面）
⑦車縫。
1
側身接縫止點
⑥重疊於表、裡側身的上方。
裡側身（背面）
裡袋身（背面）
表側身（背面）
表袋身（正面）

5.接縫肩背帶

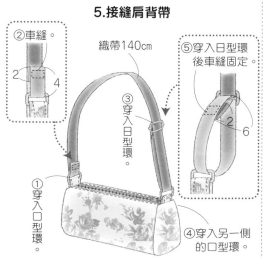

②車縫。
2　4
織帶140cm
⑤穿入日型環後車縫固定。
③穿入日型環
2　6
①穿入口型環
④穿入另一側的口型環。

1.縫製前的準備

①在表袋身與表側身的背面熨燙接著襯。

表袋身（背面）※兩片。
表側身（背面）※兩片。

2.製作吊耳

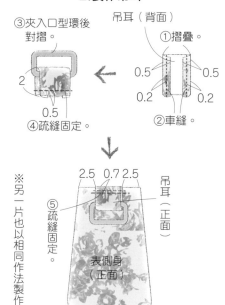

③夾入口型環後對摺。
吊耳（背面）
①摺疊。
0.5　0.5
0.2　0.2
2
0.5
②車縫。
④疏縫固定。
※另一片也以相同作法製作。
2.5　0.7　2.5
吊耳（正面）
⑤疏縫固定。
表側身（正面）

3.縫上拉鍊

※詳細縫法請見P.95。

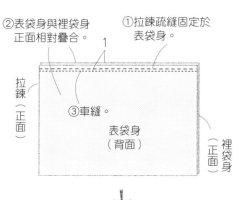

②表袋身與裡袋身正面相對疊合。
①拉鍊疏縫固定於表袋身。
拉鍊（正面）
1
③車縫。
裡袋身（正面）
表袋身（背面）
裡袋身（正面）

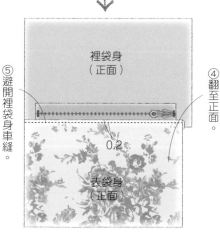

⑤避開裡袋身車縫。
④翻至正面。
裡袋身（正面）
0.2
表袋身（正面）
※另一側也以相同作法製作。

no. 26

P.30 no.26 （肩背包）

材料

表布寬150cm（棉麻帆布）	30cm
裡布寬110cm（素色棉麻布）	30cm
拉鍊30cm	1條
接著襯寬92cm	30cm
織帶寬3cm	140cm
口型環3cm	2個
日型環寬3cm	1個

完成尺寸

寬	31.5cm	高	15cm	側身	9.5cm

原寸紙型 A面

【裁布圖】

※除表・裡側身之外，其餘皆未附紙型，請依標示的尺寸直接裁剪。
※除了指定處（●內的數字）之外，皆外加縫份1cm。

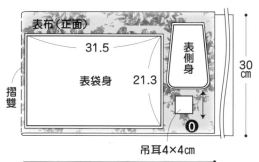

表布（正面）
31.5
表袋身　21.3
表側身
摺雙
30cm
吊耳4×4cm
0
150cm

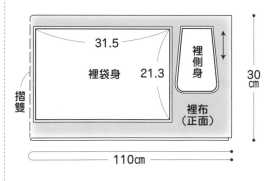

裡布（正面）
31.5
裡袋身　21.3
裡側身
摺雙
30cm
110cm

【製作順序】

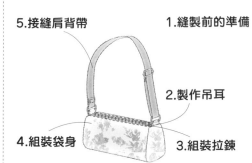

5.接縫肩背帶　　1.縫製前的準備
2.製作吊耳
4.組裝袋身　　3.組裝拉鍊

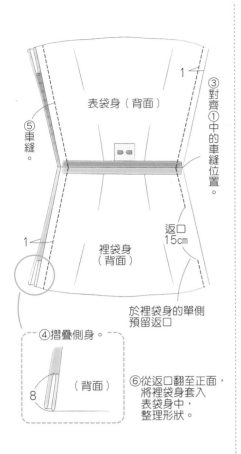

⑤車縫。

表袋身（背面）

③對齊①中的車縫位置。

①

裡袋身（背面）

1

1

返口15cm

於裡袋身的單側預留返口

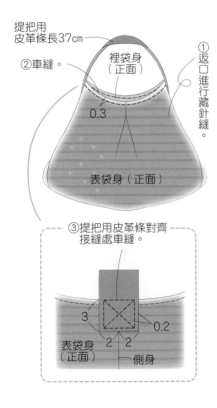

④摺疊側身。

（背面）

8

⑥從返口翻至正面，將裡袋身套入表袋身中，整理形狀。

3.整理完成

提把用皮革條長37cm

②車縫。

裡袋身（正面）

①返口進行藏針縫。

0.3

表袋身（正面）

③提把用皮革條對齊接縫處車縫。

3

0.2

表袋身（正面）

2 2

側身

1.製作袋身

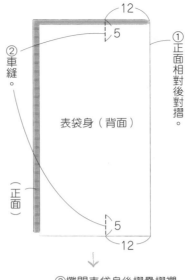

12

5

②車縫

表袋身（背面）

①正面相對後對摺

（正面）

5

12

於裡袋身的單側預留返口

③攤開表袋身後摺疊摺襉，疏縫固定。

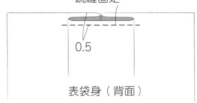

0.5

表袋身（背面）

④也以相同作法車縫另一側與裡袋身。

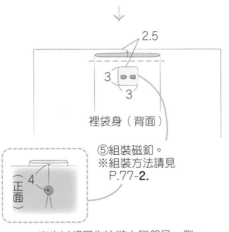

2.5

3

3

裡袋身（背面）

（正面）

4

⑤組裝磁釦。
※組裝方法請見
P.77-2.

※也以相同作法裝上磁釦另一側。

2.縫合表袋身＆裡袋身

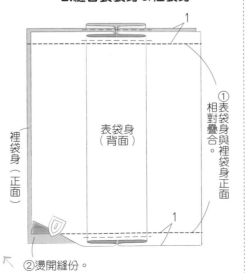

1

表袋身（背面）

裡袋身（正面）

①表袋身與裡袋身正面相對疊合。

②燙開縫份。

1

P.32 no27（褶襉肩背包）

材料

表布寬150cm（斜紋軟呢布）	80cm
裡布寬105cm（素色麻布）	80cm
接著襯寬10cm	10cm
提把用皮革條寬4cm	40cm
磁釦直徑1.8cm	1組

完成尺寸

寬	40cm	高	29cm	側身	16cm

【裁布圖】

※未附原寸紙型，
　請依標示的尺寸直接裁剪。
※外加縫份1cm。

表・裡布（正面）
※表布・裡布均如下圖裁剪。

表・裡袋身

74

64

80cm

150・105cm

【製作順序】

2.縫合表袋身＆裡袋身

1.製作袋身

3.整理完成

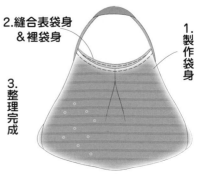

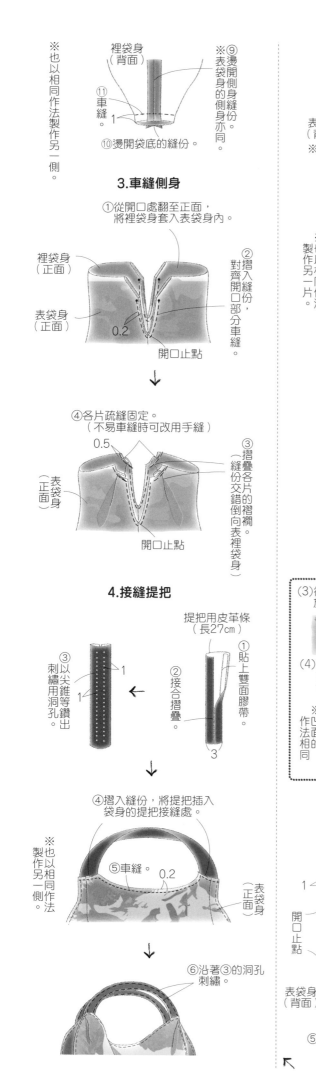

※也以相同作法製作另一側。

裡袋身（背面）

⑨燙開側身縫份，表袋身的側身亦同。

⑪車縫。

1

⑩燙開袋底的縫份。

3.車縫側身

①從開口處翻至正面，將裡袋身套入表袋身內。

裡袋身（正面）

②摺入縫份，對齊開口部分車縫。

表袋身（正面）

0.2

開口止點

④各片疏縫固定。（不易車縫時可改用手縫）

0.5

表袋身（正面）

③摺疊縫份交錯的褶襇（縫份各片交錯的倒向表裡袋身）

開口止點

4.接縫提把

提把用皮革條（長27cm）

③以尖錐刺繡用洞孔鑽出

1

1

①貼上雙面膠帶。

②接合摺疊

3

④摺入縫份，將提把插入袋身的提把接縫處。

⑤車縫。 0.2

表袋身（正面）

※也以相同作法製作另一側。

⑥沿著③的洞孔刺繡。

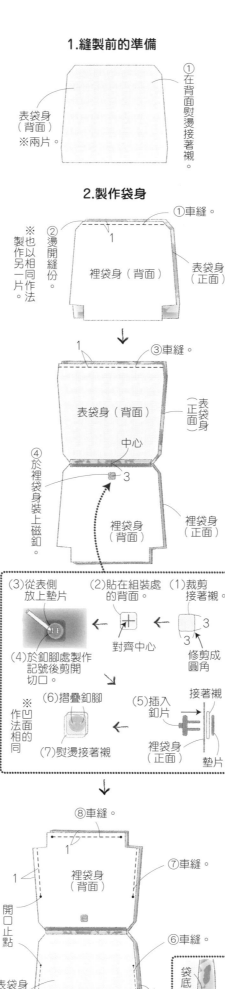

1.縫製前的準備

表袋身（背面） ※兩片

①在背面熨燙接著襯。

2.製作袋身

①車縫。

②燙開縫份。

裡袋身（背面）

表袋身（正面）

※也以相同作法製作另一片。

1

③車縫。

表袋身（背面）

表袋身（正面）

中心

④於裡袋身裝上磁釦

裡袋身（背面）

裡袋身（正面）

3

（3）從表側放上墊片

（2）貼在組裝處的背面。

（1）裁剪接著襯。

3

3

修剪成圓角

對齊中心

（4）於釦腳處製作記號後剪開切口

（6）摺疊釦腳

（5）插入釦片

接著襯

裡袋身（正面）

墊片

（7）熨燙接著襯

※作凹面相的同

⑧車縫。

1

裡袋身（背面）

⑦車縫。

開口止點

表袋身（背面）

⑥車縫。

1

袋底 6

⑤袋底向內摺入。

P.33 no28（單肩包）

材料

表布寬135cm（印花亞麻布）	63cm（1片圖案布）
裡布寬105cm（素色麻布）	50cm
接著襯寬92cm	50cm
提把用皮革條寬6cm	60cm
磁釦直徑1.8cm	1個
25號繡線	適量
布用雙面膠帶寬3mm	適量

完成尺寸

寬	40cm	高	35cm	側身	12cm

原寸紙型 B面

【裁布圖】

※外加縫份1cm。

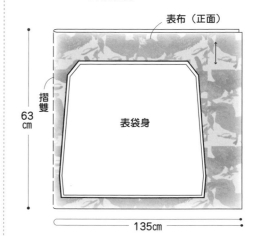

表布（正面）

摺雙

63cm

表袋身

135cm

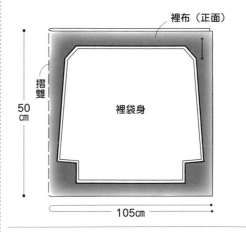

裡布（正面）

摺雙

50cm

裡袋身

105cm

【製作順序】

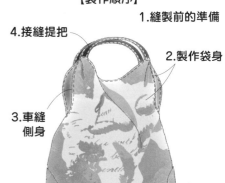

1.縫製前的準備

4.接縫提把

2.製作袋身

3.車縫側身

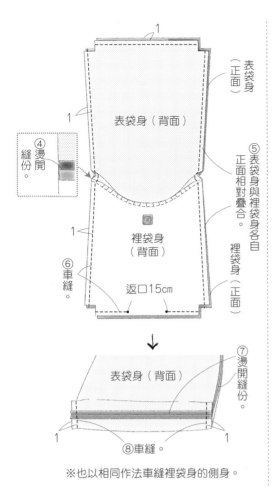

1

表袋身（正面）

表袋身（背面）

1

④縫份燙開。

1

⑤表袋身與裡袋身各自正面相對疊合。

裡袋身（背面）

裡袋身（正面）

⑥車縫。

返口15cm

↓

⑦燙開縫份。

表袋身（背面）

1　　　　　1

⑧車縫。

※也以相同作法車縫裡袋身的側身。

3.接縫肩背帶・整理完成

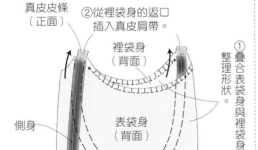

真皮皮條（正面）

②從裡袋身的返口插入真皮肩帶。

裡袋身（背面）

側身

表袋身（背面）

①疊合表袋身與裡袋身，整理形狀。

↓

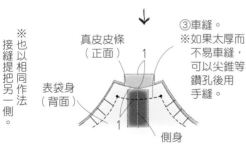

真皮皮條（正面）

③車縫。
※如果太厚而不易車縫，可以尖錐等鑽孔後用手縫。

1

表袋身（背面）

側身

※也以相同作法接縫提把把另一側。

↓

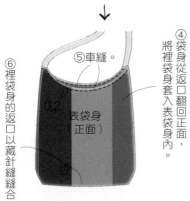

⑥裡袋身的返口以藏針縫縫合。

0.2

表袋身（正面）

⑤車縫。

④袋身從返口翻回正面，將裡袋身套入表袋身內。

1.縫製前的準備

表袋身（背面）※兩片。

①在表袋身的背面熨燙接著襯。

②在裡袋身裝上磁釦（一片裝上凹面，另一片裝上凸面）。

裡袋身（背面）※兩片。

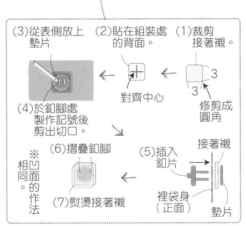

（1）裁剪接著襯。

（2）貼在組裝處的背面。

（3）從表側放上墊片

對齊中心

3　3　修剪成圓角

（4）於釦腳處製作記號後剪出切口。

（5）插入釦片

接著襯

（6）摺疊釦腳

裡袋身（正面）　墊片

（7）熨燙接著襯

※相同凹面的作法

2.製作表袋身&裡袋身

表袋身（正面）

1

裡袋身（背面）

①車縫（縫至完成線）。

※也以相同作法另一片表袋身與裡袋身製作。

↓

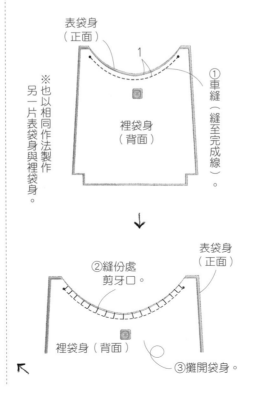

②縫份處剪牙口。

表袋身（正面）

裡袋身（背面）

③攤開袋身。

←

P.34 *no.29 & no.30*（肩背包 L&M size）

材料

	no.29（L）	*no.30*（M）
表布寬137cm（棉麻印花布）	40cm	40cm
裡布寬105cm（素色麻布）	40cm	40cm
接著襯寬92cm	40cm	40cm
磁釦直徑1.8cm	1組	1組
真皮皮條寬1.5cm	120cm	110cm

完成尺寸

no.29（L）1
寬	32cm	高	33.5cm	側身	6cm

no.30（M）1
寬	28cm	高	30cm	側身	5cm

原寸紙型 B面

※■…*no.29*（L）　■…*no.30*（M）

【裁布圖】

※外加縫份1cm。

表・裡布（正面）
※表布・裡布均如下圖裁剪。

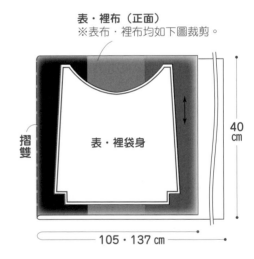

摺雙

表・裡袋身

40cm

105・137 cm

【製作順序】

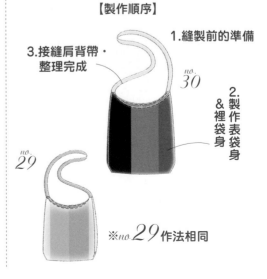

1.縫製前的準備

3.接縫肩背帶・整理完成

no.30

2.製作表袋身&裡袋身

no.29

※*no.29*作法相同

78

4.製作袋身

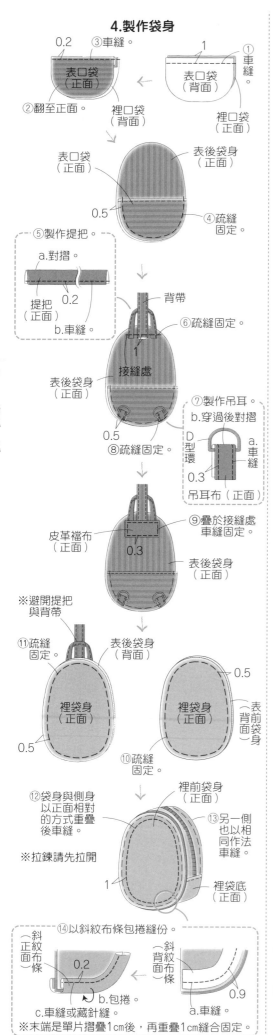

0.2 ③車縫。
① 車縫。
1
表口袋（正面）
表口袋（背面）
②翻至正面。
裡口袋（背面）
裡口袋（正面）

表口袋（正面）
表後袋身（正面）
0.5
④疏縫固定。

⑤製作提把。
a.對摺。
提把（正面）
0.2
b.車縫。

背帶
⑥疏縫固定。
1
接縫處
表後袋身（正面）

⑦製作吊耳。
b.穿過後對摺
D型環
a.車縫
0.3
吊耳布（正面）

0.5
⑧疏縫固定。

⑨疊於接縫處車縫固定。
皮革襠布（正面）
0.3
表後袋身（正面）

※避開提把與背帶

⑪疏縫固定。
表後袋身（背面）
裡袋身（正面）
0.5
裡袋身（正面）
0.5
表背面前袋身
0.5

⑩疏縫固定。

⑫袋身與側身以正面相對的方式重疊後車縫。
⑬另一側也以相同作法車縫。
※拉鍊請先拉開
裡前袋身（正面）
1
裡袋底（正面）

⑭以斜紋布條包捲縫份。
斜紋正面布條
0.2
斜背紋面布條
b.包捲
0.9
c.車縫或藏針縫。
※末端是單片摺1cm後，再重疊1cm縫合固定。

1.縫製前的準備

①於表袋身（2片）、表拉鍊口布、表袋底、背帶的背面熨燙接著襯。

2.製作側身

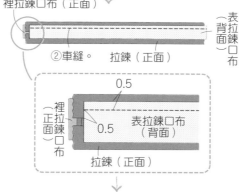

表拉鍊口布（正面）
①表拉鍊口布對裁。
※裡拉鍊口布作法亦同。
裡拉鍊口布（正面）
（表背拉面鍊口布）
②車縫。 拉鍊（正面）

0.5
裡正拉面鍊口布
0.5
表拉鍊口布（背面）
拉鍊（正面）

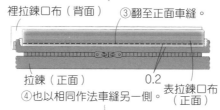

裡拉鍊口布（背面）
③翻至正面車縫。
拉鍊（正面）
0.2
表拉鍊口布（正面）
④也以相同作法車縫另一側。

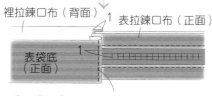

裡拉鍊口布（背面）
1
表拉鍊口布（正面）
表袋底（正面）
1
⑤依②、③的作法接縫拉鍊口布與袋底。
⑥也以相同作法車縫另一側。

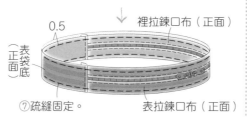

0.5
裡拉鍊口布（正面）
表袋底正面
⑦疏縫固定。
表拉鍊口布（正面）

3.製作背帶

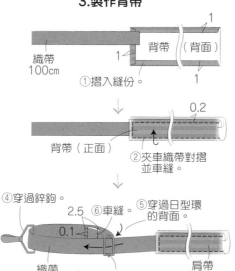

1
背帶（背面）
織帶100cm
1
①摺入縫份。
1

0.2
背帶（正面）
②夾車織帶對摺並車縫。

④穿過鋅鉤。
2.5
0.1
⑤穿過日型環的背面。
⑥車縫。
③穿過日型環。
織帶
肩帶（正面）

no. 31

P.36 no.31（斜肩包）

材料

表布寬90cm（壓縮羊毛布）	70cm
裡布寬100cm（棉麻水洗布）	70cm
皮革寬20cm	10cm
接着芯寬92cm	70cm
雙開拉鍊60cm	1條
D型環寬2cm	2個
日型環寬4cm	1個
鋅鉤寬4cm	1個
織帶寬4cm	100cm
滾邊斜紋布條寬1cm寬	200cm

完成尺寸

寬	21cm	高	30cm	側身	7cm

原寸紙型 B面

【裁布圖】

※除了袋身與口袋之外，其餘皆未附紙型，請依標示的尺寸直接裁剪。
※外加縫份1cm。

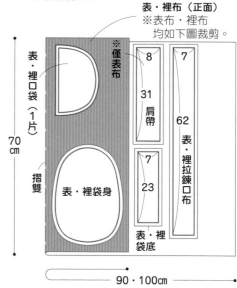

表·裡布（正面）
※表布·裡布均如下圖裁剪。
表·裡口袋（1片）
表·裡袋身
表·裡拉鍊口布
表·裡袋底
摺雙
僅表布
肩帶
8
31
7
62
7
23
70cm
90·100cm

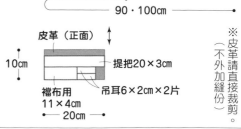

皮革（正面）
10cm
提把20×3cm
襠布用11×4cm
吊耳6×2cm×2片
20cm
※皮革請直接裁剪。（不外加縫份）

【製作順序】

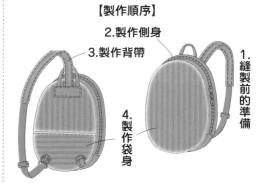

2.製作側身
3.製作背帶
4.製作袋身
1.縫製前的準備

3.接縫提把

①表提把正面相對疊至表袋身。

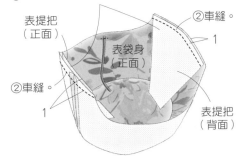

- 表提把（正面）
- ②車縫。
- 表袋身（正面）
- 1
- ②車縫。
- 1
- 表提把（背面）

※也以相同作法車縫裡袋身。

4.縫合表袋身＆裡袋身

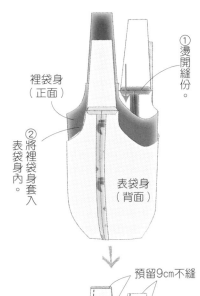

- ①燙開縫份。
- 裡袋身（正面）
- ②將裡袋身套入表袋身內。
- 表袋身（背面）

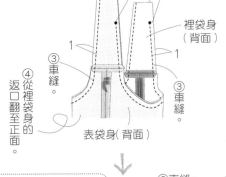

- 預留9cm不縫
- 裡袋身（背面）
- ③車縫。
- 1
- 1
- ③車縫。
- ④從裡袋身的返口翻至正面。
- 表袋身（背面）

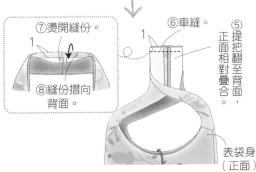

- ⑦燙開縫份。
- 1
- 1
- ⑥車縫。
- ⑤提把翻至背面，正面相對疊合。
- ⑧縫份摺向背面。
- 表袋身（正面）

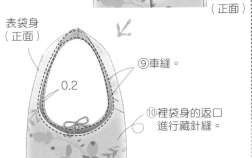

- 表袋身（正面）
- ⑨車縫。
- 0.2
- ⑩裡袋身的返口進行藏針縫。

1.縫製前的準備

①於各布片背面熨燙接著襯。

- 表提把（背面）※兩片
- 表袋身（背面）※兩片
- 表袋底（背面）

2.製作表袋身＆裡袋身

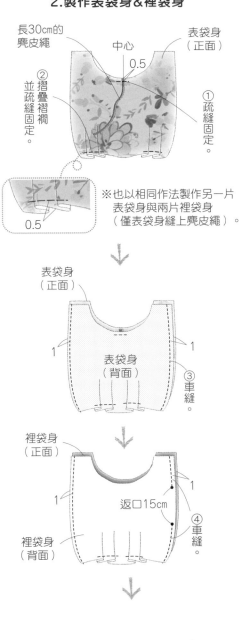

- 長30cm的麂皮繩
- 中心
- 0.5
- 表袋身（正面）
- ②摺疊褶襇並疏縫固定。
- ①疏縫固定。

- ※也以相同作法製作另一片表袋身與兩片裡袋身（僅表袋身縫上麂皮繩）。
- 0.5

- 表袋身（正面）
- 1
- 1
- ③車縫。
- 表袋身（背面）

- 裡袋身（正面）
- 1
- 1
- ④車縫。
- 返口15cm
- 裡袋身（背面）

- 裡袋身（正面）
- ⑤燙開縫份。
- 表袋底（背面）
- 表袋身（背面）
- ⑦車縫。1
- ⑥表袋底與袋身正面相對疊合。

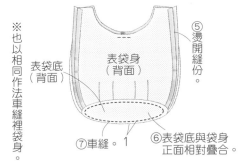

※也以相同作法車縫裡袋身。

P.37 no.32（肩背包）

材料

表布寬140cm（棉帆布）	60cm
裡布寬105cm（素色麻布）	90cm
接著襯寬20cm	100cm
麂皮繩寬0.5cm	60cm

完成尺寸

寬	44cm	高	68cm	側身	15cm

原寸紙型 B面

【裁布圖】

※外加縫份1cm。

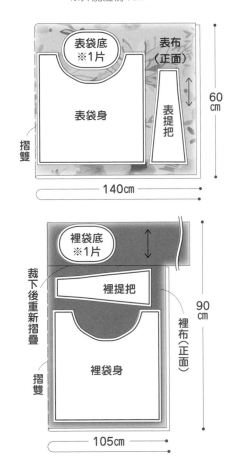

- 表袋底 ※1片
- 表布（正面）
- 表袋身
- 表提把
- 摺雙
- 60cm
- 140cm

- 裡袋底 ※1片
- 裁下後重新摺疊
- 裡提把
- 裡袋身
- 裡布（正面）
- 摺雙
- 90cm
- 105cm

【製作順序】

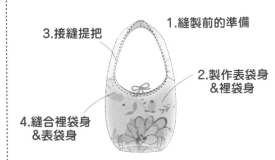

- 3.接縫提把
- 1.縫製前的準備
- 2.製作表袋身＆裡袋身
- 4.縫合裡袋身＆表袋身

3.組裝口金

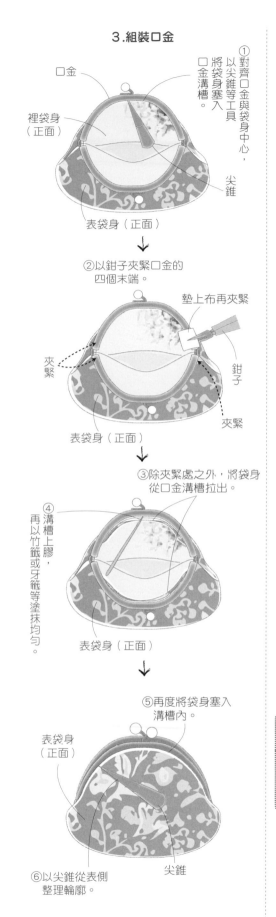

① 對齊口金與袋身中心，以尖錐等工具，將袋身塞入口金溝槽。

口金
裡袋身（正面）
表袋身（正面）
尖錐

↓

② 以鉗子夾緊口金的四個末端。

墊上布再夾緊
夾緊
鉗子
夾緊
表袋身（正面）

↓

③ 除夾緊處之外，將袋身從口金溝槽拉出。

④ 溝槽上膠，再以竹籤或牙籤等塗抹均勻。

表袋身（正面）

↓

⑤ 再度將袋身塞入溝槽內。

表袋身（正面）

↓

⑥ 以尖錐從表側整理輪廓。

表袋身（正面）
尖錐

1.製作表袋身＆裡袋身

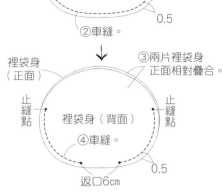

① 兩片表袋身正面相對疊合。

表袋身（正面）
表袋身（背面）
止縫點
止縫點
② 車縫。
0.5

↓

③ 兩片裡袋身正面相對疊合。

裡袋身（正面）
裡袋身（背面）
止縫點
止縫點
④ 車縫。
0.5
返口6cm

2.縫合裡袋身＆表袋身

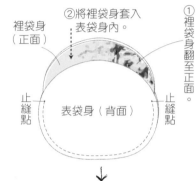

① 裡袋身翻至正面。

② 將裡袋身套入表袋身內。

裡袋身（正面）
表袋身（背面）
止縫點
止縫點

↓

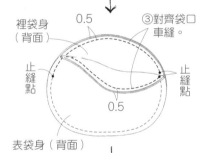

③ 對齊袋口車縫。

裡袋身（背面）
0.5
止縫點
止縫點
0.5
表袋身（背面）

↓

④ 裁剪紙繩。

長度至兩側的螺絲處。
※共需兩條。

⑤ 對齊中心，將紙繩疊至袋口的縫份上。

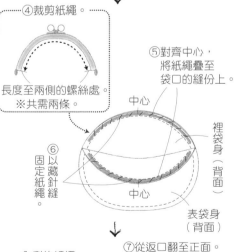

中心
⑥ 以藏針縫固定紙繩。
裡袋身（背面）
中心
表袋身（背面）

↓

⑦ 從返口翻至正面。

內側的紙繩
⑧ 加以車縫紙繩的邊緣以固定。
⑨ 返口以藏針縫縫合。
表袋身（正面）

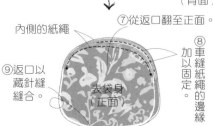

P.38 *no.*33（小口金包）

P.43 *no.*42至*no.*44（小口金包）

材料

表布寬135cm（花朵亞麻布・棉印花布）	20cm
裡布寬135cm（花朵亞麻布・棉印花布）	20cm
口金（圓型）寬12cm	1個

完成尺寸

寬	13cm	高	10cm

原寸紙型 B面

【裁布圖】

※皆直接剪裁，不外加縫份。

表・裡布（正面）
※表布・裡布均如下圖裁剪。

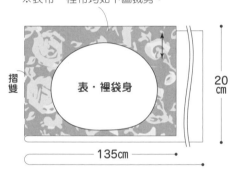

摺雙
表・裡袋身
20cm
135cm

【製作順序】

3.組裝口金

2.縫合裡袋身＆表袋身

1.製作表袋身＆裡袋身

*no.*33

※*no.*42・*no.*43・*no.*44作法相同

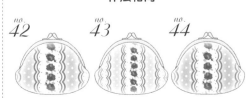

*no.*42　*no.*43　*no.*44

Part 4 口金包・拉鍊包

4.製作裡袋身並與表袋身縫合

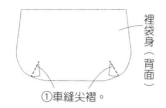

①車縫尖褶。

※另一片也以相同作法車縫。

↓

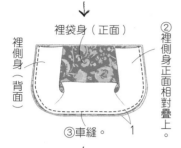

裡側身（正面）
裡袋身（正面）
裡側身（背面）
②裡側身正面相對疊上。
③車縫。
1

↓

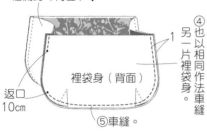

裡側身（背面）
④也以相同作法裡袋身
裡袋身（背面）
返口10cm
⑤車縫。
1

↓

⑥將翻至正面的表袋身放入裡袋身內。

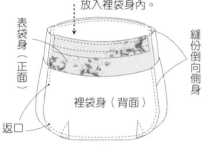

表袋身（正面）
裡袋身（背面）
縫份倒向側身
返口

↓

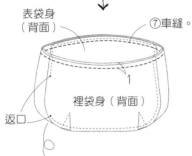

表袋身（背面）
⑦車縫。
裡袋身（背面）
返口
1

⑧從返口翻至正面，返口進行藏針縫。

5.穿入口金

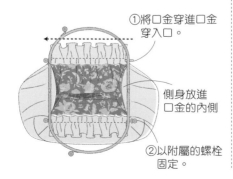

①將口金穿進口金穿入口。
側身放進口金的內側
②以附屬的螺栓固定。

1.縫製前的準備

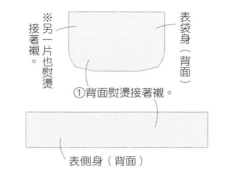

表袋身（背面）
※另一片也熨燙接著襯。
①背面熨燙接著襯。
表側身（背面）

2.製作口布

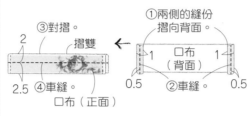

③對摺。
摺雙
①兩側的縫份摺向背面。
2
2.5
④車縫。
口布（正面）
1
口布（背面）
1
0.5
②車縫。
0.5

※也以相同作法製作另一片。

3.製作表袋身

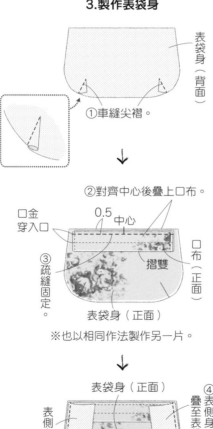

表袋身（背面）
①車縫尖褶。

↓

②對齊中心後疊上口布。

口金穿入口
0.5
中心
③疏縫固定。
口布（正面）
摺雙
表袋身（正面）

※也以相同作法製作另一片。

↓

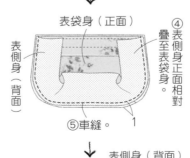

表袋身（正面）
④表側身正面相對疊至表袋身。
表側身（背面）
⑤車縫。
1

↓

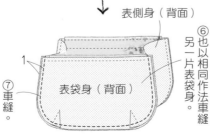

表側身（背面）
⑥也以相同作法車縫另一片表袋身。
表袋身（背面）
⑦車縫
1

no. 34

P.38 no.34（手挽口金包）

材料

表布寬150cm（花朵亞麻布）	30cm
裡布寬135cm（花朵亞麻布）	20cm
接著襯寬92cm	30cm
口金（圓型）寬15cm	1個

完成尺寸

寬	16cm	高	16.5cm	側身	9.5cm

原寸紙型 B面

【裁布圖】

※口布與表‧裡側身未附紙型，請依標示的尺寸直接裁剪。
※外加縫份1cm。

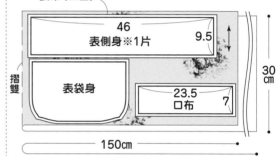

表布（正面）
46
表側身※1片
9.5
摺雙
表袋身
23.5
口布
7
30cm
150cm

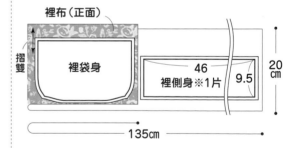

裡布（正面）
摺雙
裡袋身
46
裡側身※1片
9.5
20cm
135cm

【製作順序】

1.縫製前的準備

4.製作裡袋身並與表袋身縫合
5.穿入口金
2.製作口布

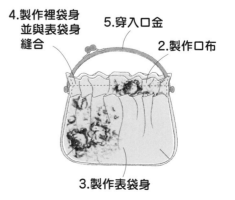

3.製作表袋身

4.組裝袋身

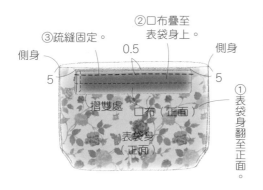

②口布疊至表袋身上。
③疏縫固定。
0.5
側身
側身
5
5
摺雙處
口布（正面）
表袋身（正面）
①表袋身翻至正面。

※也以相同作法車縫另一側。

↓

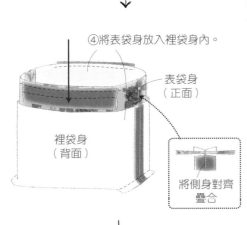

④將表袋身放入裡袋身內。
表袋身（正面）
裡袋身（背面）
將側身對齊疊合

↓

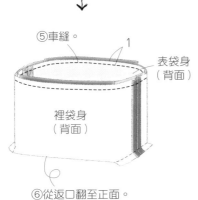

⑤車縫。
1
表袋身（背面）
裡袋身（背面）
⑥從返口翻至正面。

5.穿入口金

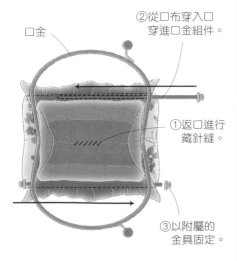

口金
②從口布穿入口穿進口金組件。
①返口進行藏針縫。
③以附屬的金具固定。

1.縫製前的準備

①熨燙接著襯。
表袋身（背面）※兩片。
於表袋身背面熨燙接著襯。

2.製作口布

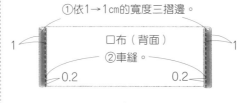

①依1→1cm的寬度三摺邊。
口布（背面）
②車縫。
1
1
0.2
0.2

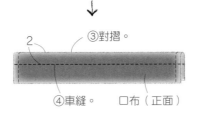

2
③對摺。
④車縫。 口布（正面）

※也以相同作法製作另一片口布。

3.製作表袋身＆裡袋身

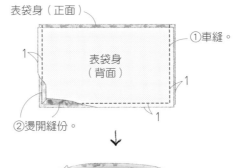

表袋身（正面）
①車縫。
1
表袋身（背面）
1
②燙開縫份。
1

↓

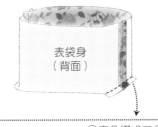

表袋身（背面）

↓

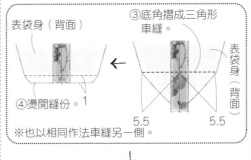

③底角摺成三角形車縫。
表袋身（背面）
表袋身（背面）
④燙開縫份。 1
5.5
5.5

※也以相同作法車縫另一側。

↓

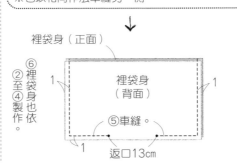

②裡袋身也依②至④製作
裡袋身（正面）
1
1
裡袋身（背面）
⑤車縫。
1
返口13cm
1

P.40 *no.*35 & *no.*36（手挽口金包）

材料

表布寬140cm（亞麻印花布）	30cm
裡布寬105cm（素色麻布）	40cm
接著襯寬92cm	30cm
手挽小口金口金寬15cm	1個

完成尺寸

寬	22cm	高	17.5cm	側身	11cm

【裁布圖】

※未附原寸紙型，請依標示的尺寸直接剪裁。
※除了指定處（●內的數字）之外，皆外加縫份1cm。

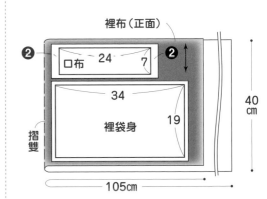

表布（正面）
34
表袋身 19
摺雙
30cm
140cm

裡布（正面）
❷ 口布 24 7 ❷
34
裡袋身 19
摺雙
40cm
105cm

【製作順序】

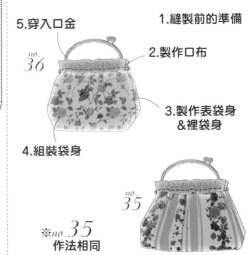

1.縫製前的準備
*no.*36
2.製作口布
5.穿入口金
3.製作表袋身＆裡袋身
4.組裝袋身
*no.*35
※*no.*35 作法相同

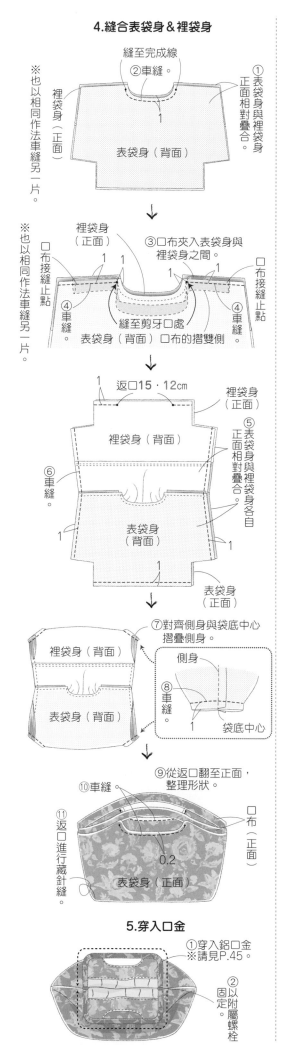

4.縫合表袋身＆裡袋身

※也以相同作法車縫另一片。

縫至完成線
②車縫。
裡袋身（正面）
①表袋身與裡袋身正面相對疊合。
表袋身（背面）
1

※也以相同作法車縫另一片。

裡袋身（正面）
□布接縫止點
③口布夾入表袋身與裡袋身之間。
□布接縫止點
④車縫
④車縫
縫至剪牙口處
表袋身（背面）□布的摺雙側
1 1 1 1

返□15・12cm
裡袋身（正面）
裡袋身（背面）
⑤正面表袋身與裡袋身各自正面相對疊合。
⑥車縫。
表袋身（背面）
表袋身（正面）
1 1 1

⑦對齊側身與袋底中心摺疊側身。
裡袋身（背面）
表袋身（背面）
側身
⑧車縫
1 袋底中心

⑨從返口翻至正面，整理形狀。
⑩車縫
⑪返口進行藏針縫。
□布（正面）
0.2
表袋身（正面）

5.穿入口金

①穿入鋁口金
※請見P.45。
②固以定附屬螺栓。

【製作順序】

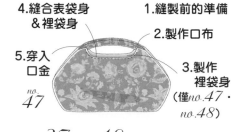

4.縫合表袋身＆裡袋身
1.縫製前的準備
5.穿入口金
2.製作口布
3.製作裡袋身（僅no.47・no.48）

no.47

※no.37・no.48作法相同

no.37　no.48

1.縫製前的準備

①熨燙接著襯。
表袋身（背面）※兩片
貼邊（背面）※兩片。僅no.47・no.48
□布（背面）※兩片。僅no.37，貼上薄布襯

2.製作口布

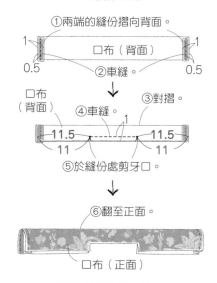

①兩端的縫份摺向背面。
□布（背面）
1　1
②車縫。
0.5　0.5

□布（背面）
④車縫。
③對摺
11.5　11.5
11　1　11
⑤於縫份處剪牙口。

⑥翻至正面。
□布（正面）

※也以相同作法製作另一片。

3.製作裡袋身（僅no.47・no.48）

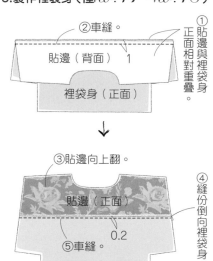

②車縫。
貼邊（背面）1
①貼邊與裡袋身正面相對重疊。
裡袋身（正面）

③貼邊向上翻。
貼邊（正面）
0.2
④縫份倒向裡袋身。
⑤車縫。
裡袋身（正面）

※也以相同作法製作另一片。

P.41　no.37（鋁口金包）

材料

表布寬137cm（棉帆布）	40cm
裡布寬137cm（棉帆布）	40cm
接著襯寬92cm	厚布襯40cm・薄布襯10cm
鋁口金寬21cm	1個

完成尺寸

寬	21cm	高	20cm	側身	15cm

原寸紙型　B面

P.46　no.47 & no.48（鋁口金包 L&M size）

材料

	no.48（M）	no.47（L）
表布寬135cm（花朵亞麻布）	40cm	60cm
裡布寬105cm（素色麻布）	30cm	30cm
接著襯寬110cm	40cm	40cm
鋁口金	寬21cm 1個	寬24cm 1個

完成尺寸

【no.48（M）】

寬	21cm	高	20cm	側身	15cm

【no.47（L）】

寬	24cm	高	21.5cm	側身	16cm

原寸紙型　B面

【裁布圖】

※下方為no.47與no.48的裁布圖。
no.37是以表布裁剪表袋身，
以裡布裁剪口布與裡袋身。
※外加縫份1cm。

※■…no.48（M）　■…no.47（L）

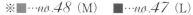
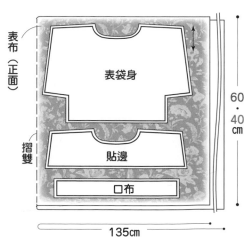

表布（正面）
摺雙
表袋身
貼邊
口布
60・40cm
135cm

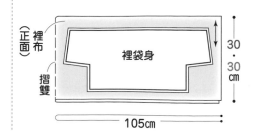

裡布（正面）
摺雙
裡袋身
30・30cm
105cm

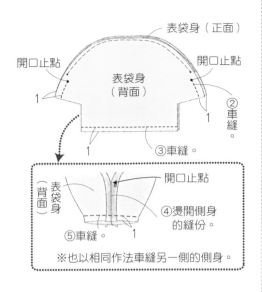

開口止點　　表袋身（正面）　　開口止點

1

表袋身（背面）

②車縫。

1　　　　　　　　　1

③車縫。

表袋身（背面）　　開口止點

表袋身（背面）

④燙開側身的縫份。

⑤車縫。　1

※也以相同作法車縫另一側的側身。

4.製作裡袋身並與表袋身縫合

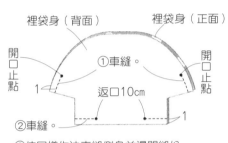

裡袋身（背面）　　裡袋身（正面）

開口止點　　①車縫。　　開口止點

1　　返口10cm　　1

②車縫。

③依同樣作法車縫側身並燙開縫份。

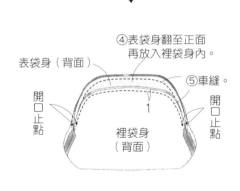

④表袋身翻至正面再放入裡袋身內。

表袋身（背面）　　⑤車縫。

開口止點　　1　　開口止點

裡袋身（背面）

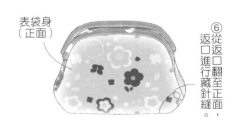

表袋身（正面）

⑥從返口進行翻至正面，返口進行藏針縫。

5.組裝口金

①依P.84-5.的作法組裝口金。

Part 4 口金包・拉鍊包

【製作順序】

4.製作裡袋身並與表袋身縫合　　1.縫製前的準備

2.製作口布

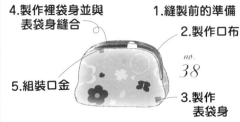

5.組裝口金　　no.38　　3.製作表袋身

※no.39・no.40・no.41・no.45
作法相同

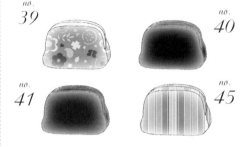

no.39　　no.40

no.41　　no.45

1.縫製前的準備

表袋身（背面）
※兩片

①於表袋身的背面熨燙接著襯。

2.製作口布

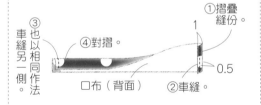

①摺疊縫份。

③車縫另一側。也以相同作法

④對摺。　1

口布（背面）　　0.5

②車縫。

※也以相同作法製作另一片。

3.製作表袋身

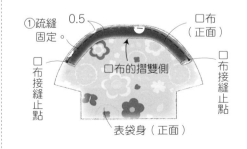

①疏縫固定　　0.5　　口布（正面）

口布接縫止點　　口布的摺雙側　　口布接縫止點

表袋身（正面）

※也以相同作法製作另一片表袋身。

no.38　no.39　no.41　no.40　no.45

P.41　no.38 & no.39（鋁口金波奇包）
P.42　no.40 & no.41（鋁口金波奇包）
P.44　no.45（鋁口金波奇包）

材料

表布寬110至137cm（棉帆布・帆布）	30cm
裡布寬110至137cm（棉帆布・棉麻布）	30cm
接著襯寬92cm	30cm
鋁口金寬18cm	1個

完成尺寸

寬	18cm	高	14cm	側身	11cm

原寸紙型　B面

鋁口金（也稱醫生口金）

大開口的鋁口金，有多種尺寸，
可用於製作提包、
肩背包與波奇包……

【裁布圖】

※下圖為no.38・no.39的裁布方式。
※口布未附紙型，
請依標示的尺寸直接裁剪。
※外加縫份1cm。

表布（正面）

表袋身

摺雙

30cm

137cm

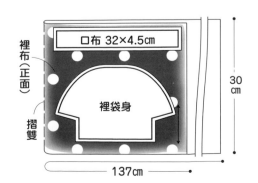

裡布（正面）

口布 32×4.5cm

裡袋身

摺雙

30cm

137cm

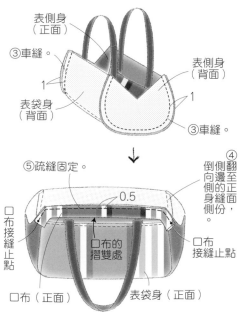

表側身（正面）
③車縫。
1
表袋身（背面）
表側身（背面）
1
③車縫。

⑤疏縫固定。
0.5
④倒側翻向邊至側的正身縫面側份，。
口布接縫止點
口布的摺雙處
口布接縫止點
口布（正面）
表袋身（正面）

※也以相同作法疏縫固定另一側的口布。

5.製作裡袋身並與表袋身縫合

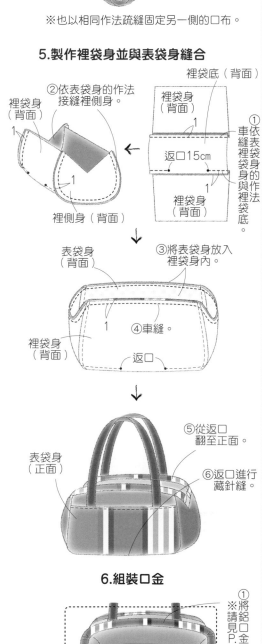

②依表袋身的作法接縫裡側身。
裡袋底（背面）
裡袋身（背面）
裡袋身（背面）
1
返口15cm
①依表縫裡袋身的作法與裡袋底。
1
裡側身（背面）
1

表袋身（背面）
③將表袋身放入裡袋身內。
裡袋身（背面）
④車縫。
返口

表袋身（正面）
⑤從返口翻至正面。
⑥返口進行藏針縫。

6.組裝口金

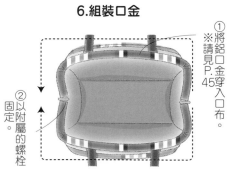

①※將鋁口金見P.45穿入口布。
②以附屬的螺栓固定。

1.縫製前的準備

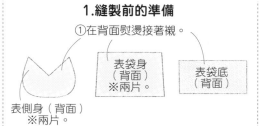

①在背面熨燙接著襯。
表袋身（背面）※兩片。
表袋底（背面）
表側身（背面）※兩片。

2.製作口布

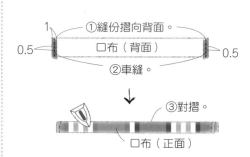

①縫份摺向背面。
1
0.5
口布（背面）
0.5
②車縫。
③對摺。
口布（正面）

※也以相同作法製作另一片。

3.製作口袋

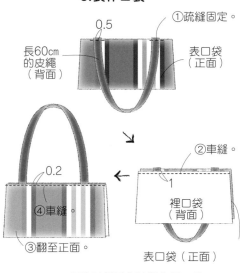

①疏縫固定。
0.5
長60cm的皮繩（背面）
表口袋（正面）
②車縫。
1
裡口袋（背面）
③翻至正面。
④車縫。
0.2
表口袋（正面）

※也以相同作法製作另一片。

4.製作表袋身

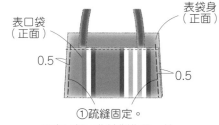

表口袋（正面）
表袋身（正面）
0.5
0.5
①疏縫固定。

※也以相同作法製作另一片。

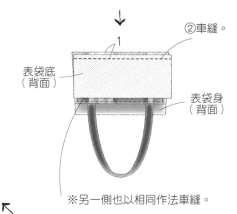

②車縫。
1
表袋底（背面）
表袋身（背面）

※另一側也以相同作法車縫。

P.44 *no.46*（鋁口金肩背包）

材料

表布寬140cm（斜紋軟呢布）	40cm
裡布寬110cm（素色棉布）	60cm
皮繩寬2cm	120cm
接著襯寬92cm	60cm
鋁口金寬27cm	1個

完成尺寸

寬	25cm	高	14cm	側身	15cm

原寸紙型 B面

【裁布圖】
※表袋底・裡袋底、口布未附紙型，請依標示的尺寸直接裁剪。
※外加縫份1cm。

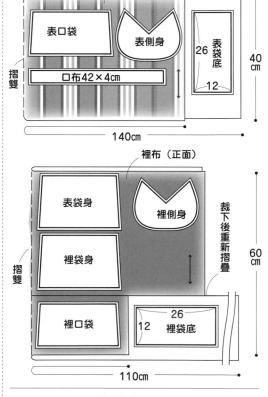

表布（正面）
表口袋
表側身
表袋底 26 12
口布42×4cm
摺雙
40cm
140cm

裡布（正面）
表袋身
裡側身
裡袋身
裡口袋
裡袋底 26 12
摺雙
裁下後重新摺疊
60cm
110cm

【製作順序】

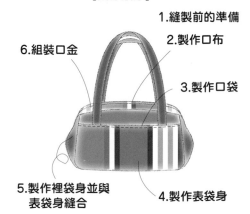

1.縫製前的準備
2.製作口布
3.製作口袋
4.製作表袋身
5.製作裡袋身並與表袋身縫合
6.組裝口金

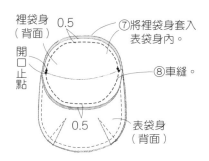

裡袋身（背面）　0.5　⑦將裡袋身套入表袋身內。

開口止點

0.5　表袋身（背面）

⑧車縫。

3.組裝口金

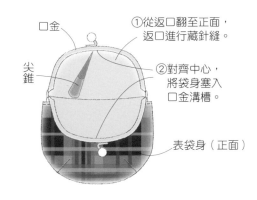

口金

尖錐

①從返口翻至正面，返口進行藏針縫。

②對齊中心，將袋身塞入口金溝槽。

表袋身（正面）

---

④除夾緊處外，將袋身從口金溝槽抽出來，溝槽處上膠，再以竹籤等塗抹均勻。

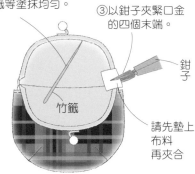

③以鉗子夾緊口金的四個末端。

鉗子

竹籤

請先墊上布料再夾合

---

⑤再度將袋身塞入溝槽內。

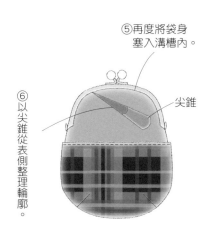

尖錐

⑥以尖錐從表側整理輪廓。

Part
4
口金包・拉鍊包

1.製作口袋

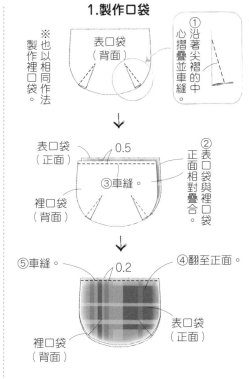

※也以相同作法製作裡口袋。

表口袋（背面）

①沿著尖褶的中心摺疊並車縫。

表口袋（正面）　0.5

裡口袋（背面）

③車縫。

②表口袋與裡口袋正面相對疊合。

⑤車縫。　0.2　④翻至正面。

裡口袋（背面）

表口袋（正面）

2.製作表袋身&裡袋身後縫合

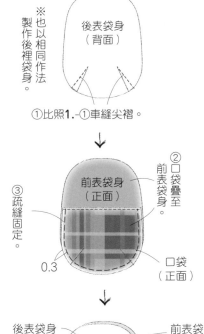

※也以相同作法製作後裡袋身。

後表袋身（背面）

①比照1.-①車縫尖褶。

③疏縫固定。

前表袋身（正面）

②口袋疊至前表袋身。

0.3　口袋（正面）

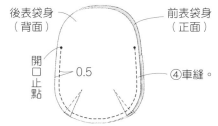

後表袋身（背面）　前表袋身（正面）

開口止點　0.5　④車縫。

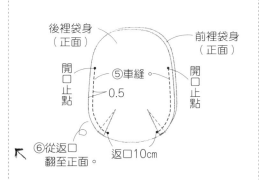

後裡袋身（正面）　前裡袋身（正面）

開口止點　⑤車縫。　開口止點

0.5

⑥從返口翻至正面。　返口10cm

←

no.49　no.50

P.47 no.49 & no.50 （小口金波奇包）

材料

表布寬110cm（帆布）	25cm
配色布140cm（羊毛布）	25cm
裡布110cm（素色棉麻布）	25cm
小口金口金（扇形）寬12cm	1個

完成尺寸

寬	12cm	高	18.5cm

原寸紙型 B面

【裁布圖】

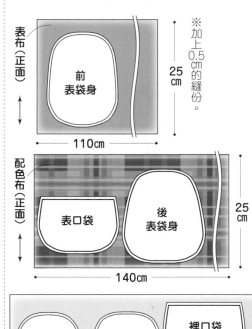

表布（正面）

前表袋身

110cm　25cm

※加上0.5cm的縫份。

配色布（正面）

表口袋　後表袋身

25cm

140cm

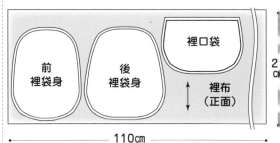

前裡袋身　後裡袋身　裡口袋

裡布（正面）

110cm

【製作順序】

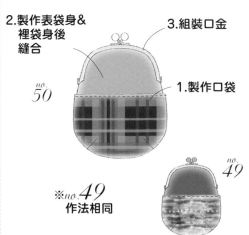

no.50

2.製作表袋身&裡袋身後縫合

3.組裝口金

1.製作口袋

no.49

※no.49 作法相同

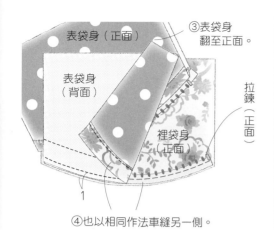

③表袋身（正面）
③表袋身翻至正面。
表袋身（背面）
表袋身（背面）
裡袋身（正面）
拉鍊（正面）
1
④也以相同作法車縫另一側。

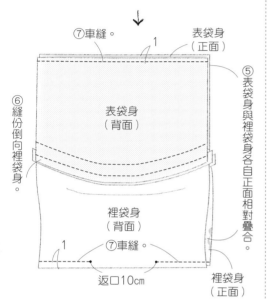

⑦車縫。
表袋身（正面）
1
⑤表袋身與裡袋身各自正面相對疊合。
⑥縫份倒向裡袋身。
表袋身（背面）
裡袋身（背面）
1
⑦車縫。
返口10cm
裡袋身（正面）

5.製作側身

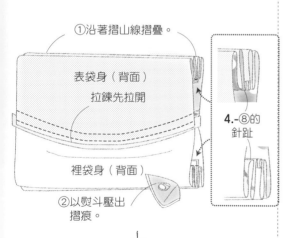

①沿著摺山線摺疊。
表袋身（背面）
拉鍊先拉開
4.-⑧的針趾
裡袋身（背面）
②以熨斗壓出摺痕。

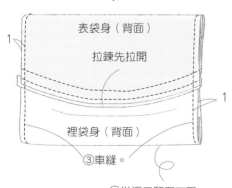

表袋身（背面）
拉鍊先拉開
1
1
裡袋身（背面）
③車縫。
④從返口翻至正面，返口進行藏針縫。

1.縫製前的準備

①在表袋身的背面熨燙接著襯。
表袋身（背面）※兩片。

2.製作口袋
（僅no.51・no.52・no.53）

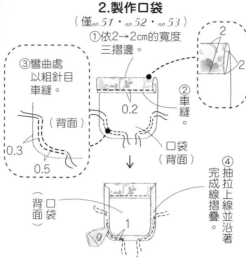

①依2→2cm的寬度三摺邊。
2
2
③彎曲處以粗針目車縫。
（背面）
②車縫。
0.2
0.3
0.5
口袋（背面）
④抽拉上線並沿著完成線摺疊。
背面 口袋
1

3.製作表袋身

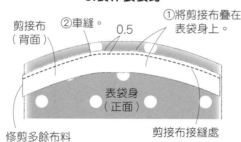

剪接布（背面）
②車縫。
0.5
①將剪接布疊在表袋身上。
表袋身（正面）
修剪多餘布料
剪接布接縫處
※以相同作法車縫另一片表袋身。

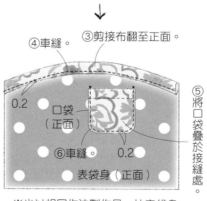

④車縫。
③剪接布翻至正面。
0.2
口袋（正面）
⑥車縫。
0.2
表袋身（正面）
⑤將口袋疊於接縫處。
※也以相同作法製作另一片表袋身（無口袋）。

4.接縫拉鍊

①拉鍊疏縫固定於表袋身，再與裡袋身重疊。
※拉鍊的接縫方法請見P.95。

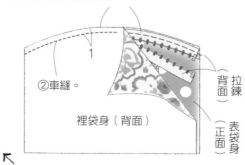

1
②車縫。
背面 拉鍊
裡袋身（背面）
表袋身（正面）

no.51 no.52 no.54
no.53 no.55

P.48 no.51至no.53（口袋波奇包）
P.49 no.54&no.55（口袋波奇包）

材料

表布寬137cm（棉帆布・斜紋軟呢布）	30cm
裡布寬110～137cm（棉帆布・素色棉麻布）	30cm
拉鍊25cm	1條
接著襯寬92cm	30cm
皮革寬10cm（僅no.54・no.55）	10cm

完成尺寸

寬	25cm	高	9cm	側身	6cm

原寸紙型 B面

【裁布圖】

※剪接布未附紙型，請依標示的尺寸直接裁剪。
※除了指定處（●內的數字）之外，皆外加縫份1cm。

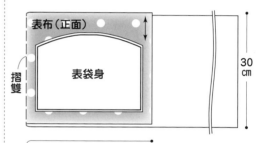

表布（正面）
摺雙
表袋身
30cm
137cm

口袋（no.54・no.55以皮革裁剪 ※不外加縫份）

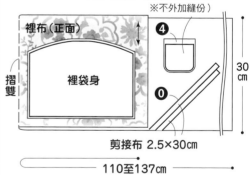

裡布（正面）
摺雙
裡袋身
④
⓪
30cm
110至137cm

剪接布 2.5×30cm

【製作順序】

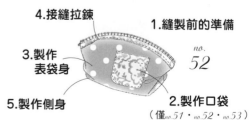

4.接縫拉鍊
1.縫製前的準備
3.製作表袋身
5.製作側身
2.製作口袋（僅no.51・no.52・no.53）
no.52

※no.51・no.53・no.54・no.55 作法相同

no.51 no.53
no.54 no.55

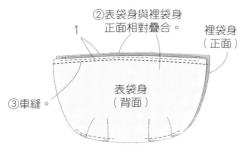

②表袋身與裡袋身
正面相對疊合。

1

裡袋身
（正面）

③車縫。

表袋身
（背面）

※也以相同作法車縫另一片
表袋身與裡袋身。

裡袋身
（正面）

返口15cm

⑤
表袋身與裡袋身
各自正面相對疊合。

④
燙開開袋口的縫份，
攤開表袋身與裡袋身。

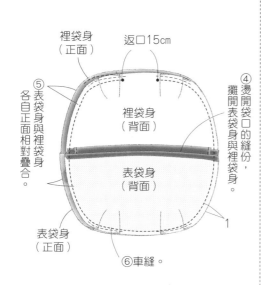

裡袋身
（背面）

表袋身
（背面）

表袋身
（正面）

1

1

⑥車縫。

4.穿入口金

②返口進行藏針縫。

①從返口
翻至正面。

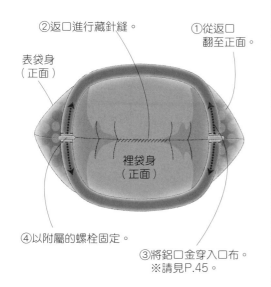

表袋身
（正面）

裡袋身
（正面）

④以附屬的螺栓固定。

③將鋁口金穿入口布。
※請見P.45。

1.縫製前的準備

①於表袋身的背面熨燙接著襯。

表袋身
（背面）
※兩片。

2.製作口布

①摺疊。

0.5

口布（背面）

0.5

1

1

②車縫。

③對摺。

口布（正面）

④將口布疊在表袋身上。

口布接縫止點

0.5

口布接縫止點

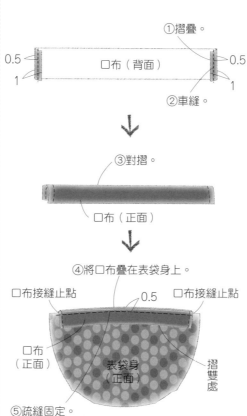

口布
（正面）

表袋身
（正面）

摺雙處

⑤疏縫固定。

※也以相同作法車縫另一片。

3.製作袋身

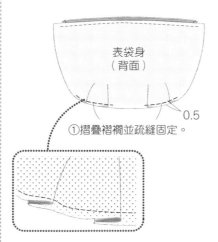

表袋身
（背面）

0.5

①摺疊褶襉並疏縫固定。

※也以相同作法車縫另一片
表袋身與兩片裡袋身。

no.
64

P.54 no.64 （鋁口金手拿包）

材料

表布寬152cm（羊毛布）	30cm
裡布寬105cm（素色麻布）	40cm
接著襯寬92cm	30cm
鋁口金（圓形）寬27cm	1個

完成尺寸

寬	27cm（袋口24cm）	高	23.5cm

原寸紙型 B面

【裁布圖】

※口布未附紙型，
請依標示的尺寸直接剪裁。
※外加縫份1cm。

表布（正面）

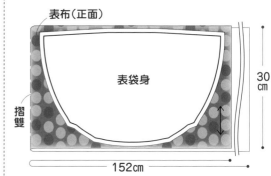

表袋身

摺雙

30cm

152cm

裡布（正面）

口布

4.5

40

摺雙

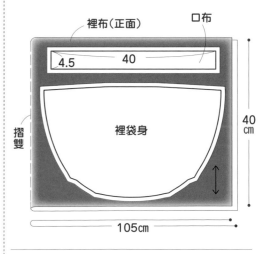

裡袋身

40cm

105cm

【製作順序】

1.縫製前的準備

2.製作口布

4.穿入口金

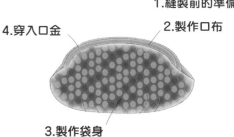

3.製作袋身

【裁布圖】

※表袋底・提把・耳絆未附紙型，請依標示的尺寸直裁剪。
※除了指定處（●內的數字）之外，皆外加縫份1cm。

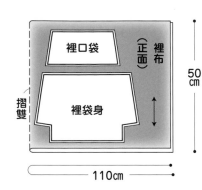

裡布（正面）
裡袋身
摺雙
30cm
110cm

【no.57（M）】

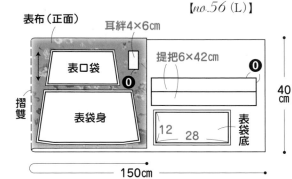

表布（正面）
耳絆4×6cm
提把6×35cm
0
剪接布
表袋身
摺雙
0
12 24
表袋底
30cm
150cm

裡布（正面）
裡口袋
裡袋身
摺雙
50cm
110cm

【no.56（L）】

表布（正面）
耳絆4×6cm
表口袋
0
提把6×42cm
0
表袋身
摺雙
12 28
表袋底
40cm
150cm

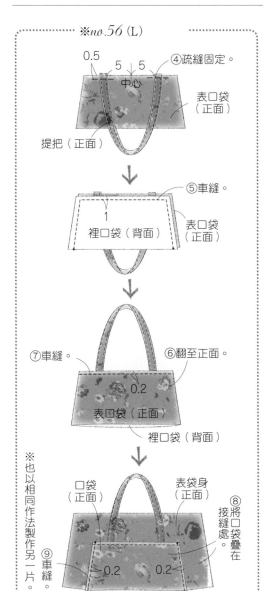

※no.56（L）

0.5　5　5　④疏縫固定。
中心
表口袋（正面）
提把（正面）

⑤車縫
1
裡口袋（背面）
表口袋（正面）

⑦車縫。　⑥翻至正面。
0.2
表口袋（正面）
裡口袋（背面）

口袋（正面）　表袋身（正面）
0.2　0.2
⑧將口袋疊在接縫處。
⑨車縫。
※也以相同作法製作另一片。

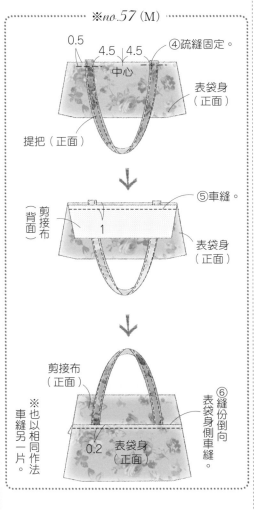

※no.57（M）

0.5　4.5　4.5　④疏縫固定。
中心
表袋身（正面）
提把（正面）

⑤車縫
剪接布（背面）
1
表袋身（正面）

剪接布（正面）
0.2
表袋身（正面）
⑥縫份倒向表袋身側車縫
※也以相同作法車縫另一片。

no.56 *no.57*

P.50 *no.56 & no.57*
（支架口金便當袋 L&M Size）

材料

	no.57(M)	no.56(L)
表布寬150cm（棉麻帆布）	30cm	40cm
裡布寬110cm（素色棉麻布）	30cm	50cm
接著襯寬92cm	40cm	60cm
5號尼龍拉鍊	35cm1條	40cm1條
支架口金（高5cm）	20cm1組	24cm1組
底板寬30cm	15cm	15cm

完成尺寸

no.57(M)

寬	24cm	高	16cm	側身	12cm

no.56(L)

寬	28cm	高	20cm	側身	12cm

原寸紙型 B面

【製作順序】

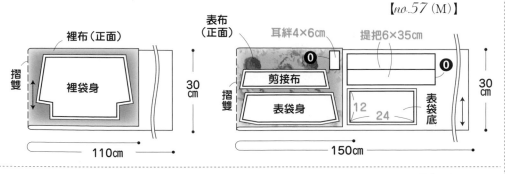

3.縫合表袋身＆裡袋身
2.製作提把並接縫
1.縫製前的準備
5.整理完成
no.57
4.車縫袋底

no.56
※no.56 作法相同

1.縫製前的準備

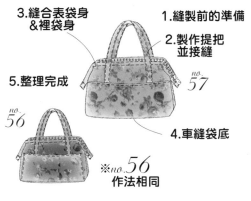

剪接布（背面）※兩片。
僅no.57(M)
表袋身（背面）※兩片。
僅no.56(L)
表口袋（背面）※兩片。
表袋底（背面）
①在表袋身的背面熨燙接著襯。

2.製作提把並接縫

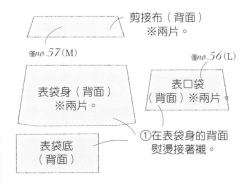

提把（背面）
①摺疊。
1

②對摺。
2
③車縫。　0.2　摺雙

※也以相同作法製作另一片。

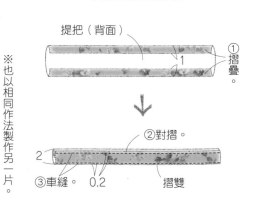

5.整理完成

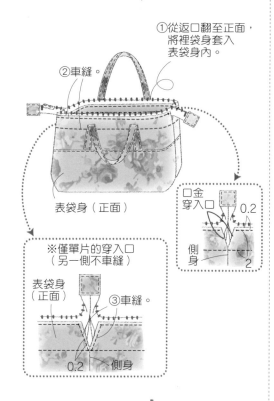

① 從返口翻至正面，將裡袋身套入表袋身內。

② 車縫。

表袋身（正面）

口金穿入口
0.2
側身
2

※僅單片的穿入口（另一側不車縫）

表袋身（正面）

③ 車縫。

0.2　側身

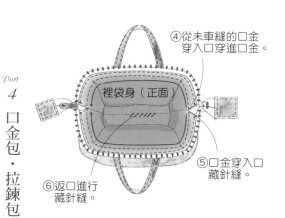

④ 從未車縫的口金穿入口穿進口金。

裡袋身（正面）

⑤ 口金穿入口藏針縫。

⑥ 返口進行藏針縫。

4.車縫袋底

② 摺疊側身後車縫。

1

裡袋身（背面）

① 燙開側身與袋底的縫份。

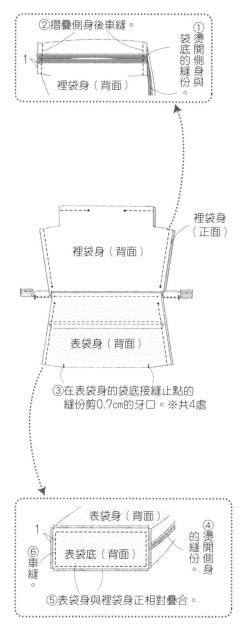

裡袋身（正面）

表袋身（背面）

③ 在表袋身的袋底接縫止點的縫份剪0.7cm的牙口。※共4處

表袋身（背面）

1

表袋底（背面）

⑥ 車縫。

④ 燙開側身的縫份。

⑤ 表袋身與裡袋身正相對疊合。

3.縫合表袋身&裡袋身

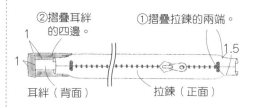

② 摺疊耳絆的四邊。

① 摺疊拉鍊的兩端。

1

1

耳絆（背面）

拉鍊（正面）

1.5

0.2

④ 車縫。

③ 對摺。

耳絆（正面）

※以相同作法車縫另一側。

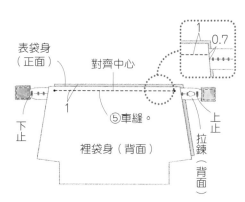

表袋身（正面）

對齊中心

1

0.7

下止

⑤ 車縫。

裡袋身（背面）

上止

拉鍊（背面）

※也以相同作法縫上另一片袋身於另一側。

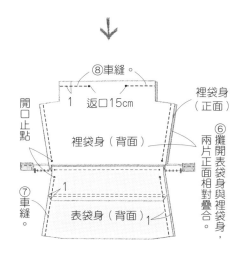

⑧ 車縫。

裡袋身（正面）

開口止點

1　返口15cm

裡袋身（背面）

⑥ 攤開表袋身與裡袋身，兩片正面相對疊合。

⑦ 車縫。

表袋身（背面）

1

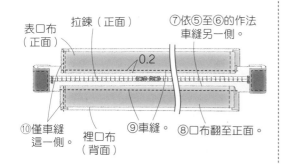

表口布（正面）

拉鍊（正面）

⑦依⑤至⑥的作法車縫另一側。

0.2

⑩僅車縫這一側。

裡口布（背面）

⑨車縫。

⑧口布翻至正面。

3.製作表袋身&裡袋身

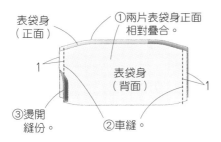

①兩片表袋身正面相對疊合。

表袋身（正面）

1

表袋身（背面）

1

③燙開縫份。

②車縫。

※各兩片。也以相同作法車縫裡袋身。

↓

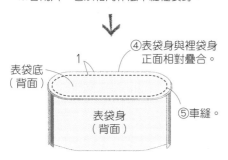

④表袋身與裡袋身正面相對疊合。

表袋底（背面）

1

表袋身（背面）

⑤車縫。

↓

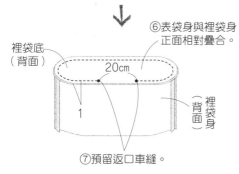

⑥表袋身與裡袋身正面相對疊合。

裡袋底（背面）

20cm

1

裡袋身（背面）

⑦預留返口車縫。

4.縫合表袋&與裡袋身

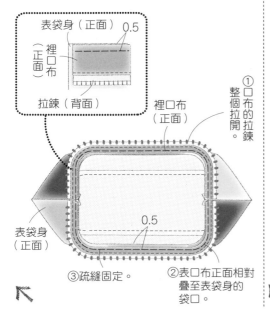

表袋身（正面）0.5

裡口布（正面）

拉鍊（背面）

裡口布（正面）

①口布的拉鍊整個拉開。

表袋身（正面）

0.5

③疏縫固定。

②表口布正面相對疊至表袋身的袋口。

【製作順序】

6.穿入支架口金，整理完成

5.製作提把並接縫

1.縫製前的準備

4.縫合表袋身&裡袋身

2.拉鍊接縫於口布

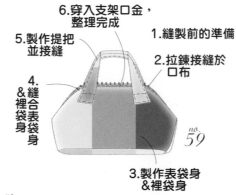

no.59

3.製作表袋身&裡袋身

no.58

※no.58作法相同

1.縫製前的準備

①於各布片的背面熨燙接著襯。

提把（背面）※兩片。

表·裡口布（背面）※兩片。

表袋身（背面）※兩片。

表袋底（背面）

2.拉鍊接縫於口布

①4×3cm的皮革對摺後夾住拉鍊的尾端。

2

3

拉鍊（正面）

0.2

②車縫。

※也以相同作法車縫另一側。

↓

③摺疊。

④車縫。

表口布（背面）

0.5

1

※也以相同作法車縫另一片表口布與兩片裡口布。

↓

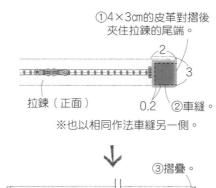

裡口布（正面）

1

正面

拉鍊

0.7

⑤表口布與裡口布正面相對疊合，中間夾入拉鍊。

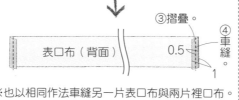

1.5

裡口布（正面）

1.5

1

表口布（背面）

拉鍊（正面）

⑥車縫。

no.58 no.59

P.52 no.58 & no.59 （Club Bag）

材料

表布寬145cm（羊毛布）	60cm
裡布寬110cm（素色棉麻布）	50cm
接著襯寬92cm	90cm
支架口金寬30cm（高10cm）	1組
雙開拉鍊長50cm	1條
底皮寬45cm	15cm
真皮寬4cm	10cm

完成尺寸

寬	30cm	高	24cm	側身	14cm

原寸紙型	B面

【裁布圖】

※表·裡口布未附紙型，請依標示的尺寸直裁剪。
※外加縫份1cm。

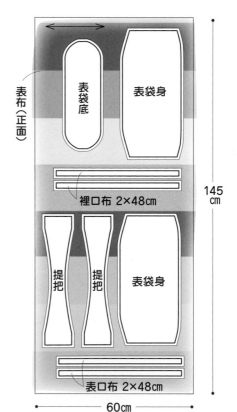

表布（正面）

表袋底

表袋身

裡口布 2×48cm

提把

提把

表袋身

145cm

表口布 2×48cm

60cm

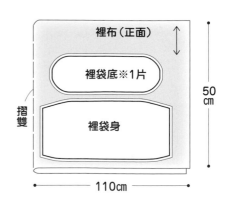

裡布（正面）

裡袋底※1片

摺雙

裡袋身

50cm

110cm

2.接縫拉鍊

①拉鍊疏縫固定於表袋身，再疊上裡袋身。
※拉鍊的接縫方法請參考P.95。

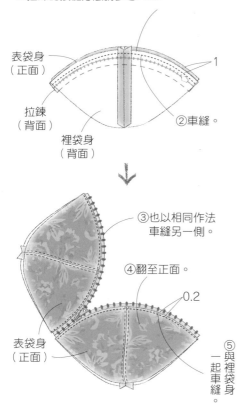

表袋身（正面）
拉鍊（背面）
裡袋身（背面）
②車縫。
1
③也以相同作法車縫另一側。
④翻至正面。
0.2
表袋身（正面）
⑤與裡袋身一起車縫。

3.組裝袋身

Part 4 口金包·拉鍊包

拉鍊先拉開
①袋身正面相對疊合。
裡袋身（正面）
1
②四片一起車縫。

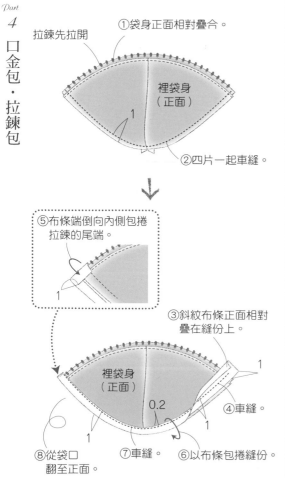

⑤布條端倒向內側包捲拉鍊的尾端。
1
③斜紋布條正面相對疊在縫份上。
裡袋身（正面）
0.2
1
④車縫。
⑧從袋口翻至正面。
⑦車縫。
⑥以布條包捲縫份。

no.60 no.61 no.62 no.63

P.53 no.60至no.63（貝殼波奇包）

材料

表布寬150cm（棉麻帆布）	20cm
裡布寬110cm（素色棉麻布）	20cm
接著襯寬92cm	20cm
金屬拉鍊30cm	1條
滾邊斜紋布條寬1cm	30cm

完成尺寸

寬	19cm	高	11cm

原寸紙型 **B面**

【裁布圖】

※外加縫份1cm。

表·裡布（正面）
※表布·裡布均如下圖裁剪。
紙型翻至背面配置
表·裡袋身
表·裡袋身
20cm
摺雙
150·110cm

【製作順序】

2.接縫拉鍊　　1.製作袋身

3.組裝袋身

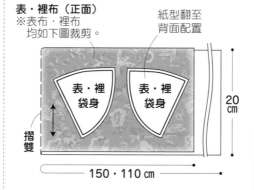

no.63

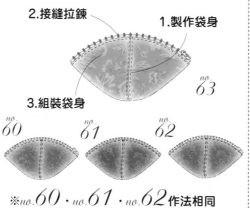

no.60　no.61　no.62

※no.60·no.61·no.62作法相同

1.製作袋身

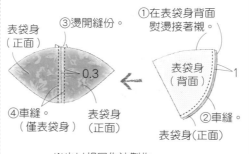

①在表袋身背面熨燙接著襯
表袋身（背面）
1
②車縫。
表袋身（正面）
③燙開縫份。
表袋身（正面）
0.3
④車縫。（僅表袋身）
表袋身（正面）

※也以相同作法製作剩下的兩片表袋身與裡袋身。

裡袋身（背面）
④將表袋身放入裡袋身內。

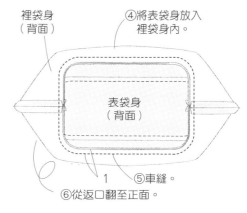

表袋身（背面）
1
⑤車縫。
⑥從返口翻至正面。

5.製作提把並接縫

提把（背面）　摺雙　①正面相對對摺。
1
4.5　返口　②車縫。　4.5
提把（正面）　③翻至正面。
④摺疊縫份。
提把（正面）　⑤車縫。
0.2

※也以相同作法車縫另一條。

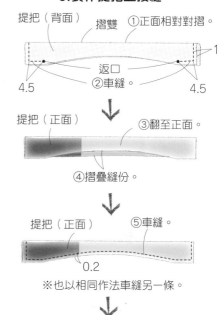

⑥提把對齊接縫處車縫。
表袋身（正面）
外側壓線車縫
3
0.2

6.穿入口金·整理完成

③底板剪成比袋底的紙型外圍小0.5cm後從返口塞入，返口進行藏針縫。

0.5
底板

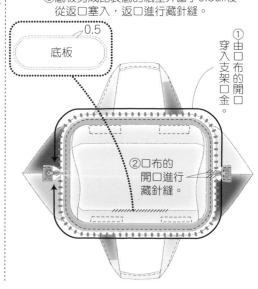

②口布的開口進行藏針縫。
①由口布的開口穿入支架口金。

關於接著襯

| 什麼是 接著襯 | 背面塗有一層熱熔膠，疊於布料上以熨斗燙過就會與布料黏貼固定。接著襯基本上是熨燙於布料的背面，用於防止變形，或增加彈性，使作品呈現漂亮的輪廓線條。也用於接縫提把或組裝磁釦等處，以提升受力強度及防止拉伸。 |

決定種類 ①

袋物專用襯
※SWANY製造

用於製作袋物的接著襯。堅固且擁有一定彈性，可形塑及保有漂亮的輪廓。

不織布襯

纖維糾結成布狀物，質感類似厚質和紙。因為質地偏硬挺，所以比起衣服，更適合製作包包及小物……等。但缺點是與布料較不服貼，且容易起皺。

洋裁襯

平紋紡織，基底布的背面有膠。容易與布料貼合，柔軟度佳。從衣服、包包到小物等，應用範圍廣泛。因為襯本身有布紋，要配合布料的布紋黏貼。

使用前先試貼看看 ③

接著襯一旦貼上，再撕下就不能使用了！為避免失敗，可先用零碼布試貼看看，確認後再使用。

有以下情形代表NG！

- 容易剝離
- 嚴重收縮
- 未能完全貼合布料，表面起皺
- 水滲到布料表面

決定厚度 ②

軟襯（薄襯）…適用薄至中厚的布料，可突顯質感及柔軟度，並防止變形。厚布若要求再堅挺一點時也可使用薄襯。

中硬襯（中厚襯）…想保有一點彈性，或是維持款式的堅挺度時適用中硬襯。

硬襯（厚襯）…期望比中硬襯更加硬挺時使用。

※使用接著襯時，薄布需注意不要損及質感，厚布則不宜過厚而影響縫製作業。

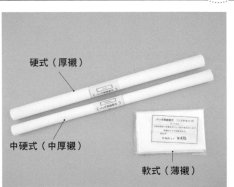

硬式（厚襯）
中硬式（中厚襯）
軟式（薄襯）

依作品的感覺與喜好決定襯的厚薄。

實際熨燙至布料上 ④

依同樣作法由中間向外側按壓熨燙。已燙過的部分再重疊燙一下，避免產生縫隙。

3

整個貼住布料後，置於平坦處5至10分鐘等待冷卻。

（POINT）若殘留餘溫，可能因膠水尚未完全凝固而容易剝離。為避免錯位或剝離，務必靜置到冷卻為止。

4

將接著襯裁成與布片一樣大小。

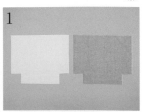
1

接著襯背面（附膠、粗面）朝下，與布料背面相對疊合，接著以中溫（140至160°）的乾熨斗，以接著襯不移位的方式，由中間開始燙貼。

2

（POINT）
- 熨斗維持不動，按壓10至15秒。
- 如果熨斗的溫度太高，有時會導致接著襯也被燙熔。

接縫拉鍊

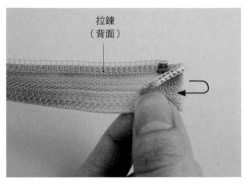

拉鍊
（背面）

1 將布帶的尾端摺向背面。

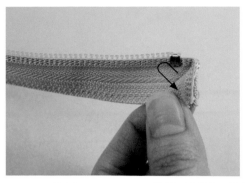

2 外翻摺成三角形。
車縫端部。

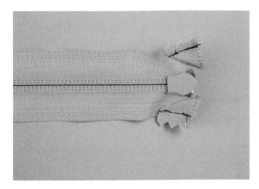

3 車縫尾端。

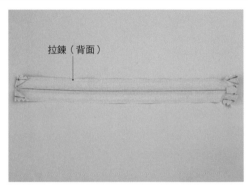

拉鍊（背面）

4 也以相同作法車縫另一側。

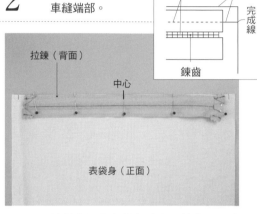

拉鍊（背面）　中心

表袋身（正面）

5 拉鍊中心與表袋身的中心對齊，以珠
針固定。（完成線與拉鍊的錬齒距離
0.7cm）

```
0.7        1
                  完
                  成
                  線
錬齒
```

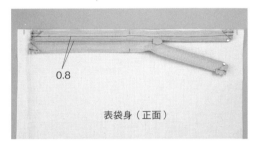

0.8

表袋身（正面）

6 於距拉鍊的錬齒0.8cm處（完成線向外
0.1cm處）疏縫固定。

POINT

· 將縫紉機的壓布腳更換為拉鍊壓布腳。
· 從拉片稍微向下的狀態開始車縫，當車到拉片時，將
壓布腳抬高，錯開拉片車縫。

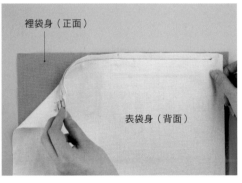

裡袋身（正面）

表袋身（背面）

7 將裡袋身與步驟6的表袋身正面相對
疊合。

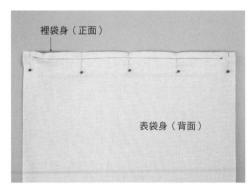

裡袋身（正面）

表袋身（背面）

8 以珠針固定。

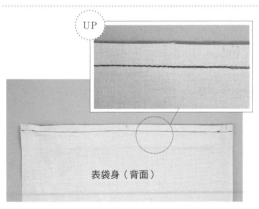

UP

表袋身（背面）

9 於步驟6的車縫針趾（紅色針趾）向
下0.1cm處車縫（綠色針趾）。

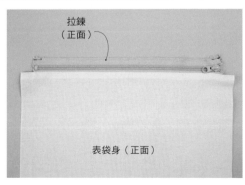

拉鍊
（正面）

表袋身（正面）

10 翻至正面，以熨斗整型。

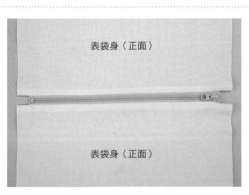

表袋身（正面）

表袋身（正面）

11 也以相同作法車縫另一側。

袋身接縫上拉鍊的樣子

國家圖書館出版品預行編目(CIP)資料

Cotton Friend X SWANY Style Bags：雜誌嚴選！
人氣手作包の日常練習簿 一起來作64個人氣款托
特包、提包、打褶包、皮革包、肩包、口金包、
收納包、貝殼包…… / BOUTIQUE-SHA著；瞿中
蓮譯. -- 初版. -- 新北市：雅書堂文化, 2016.11
　　面；　公分. -- (Fun手作；110)
　　ISBN 978-986-302-336-4(平裝)

1.手提袋 2.手工藝

426.7　　　　　　　　　　　　105019648

【Fun手作】110

Cotton Friend × SWANY Style Bags

雜誌嚴選！人氣手作包の日常練習簿

一起來作64個人氣款托特包、提包、打褶包、皮革包、肩包、口金包、收納包、貝殼包……

授　　　權／BOUTIQUE-SHA
譯　　者／瞿中蓮
社　　長／詹慶和
總 編 輯／蔡麗玲
執行編輯／黃璟安
特約編輯／李盈儀
編　　輯／蔡毓玲・劉蕙寧・陳姿伶・李佳穎・李宛真
美術編輯／陳麗娜・周盈汝・韓欣恬
內頁編排／造極彩色印刷
出 版 者／雅書堂文化事業有限公司
發 行 者／雅書堂文化事業有限公司
郵政劃撥帳號／18225950
郵政劃撥戶名／雅書堂文化事業有限公司
地　　址／新北市板橋區板新路206號3樓
電　　話／(02)8952-4078
傳　　真／(02)8952-4084
網　　址／www.elegantbooks.com.tw
電子郵件／elegant.books@msa.hinet.net

2016年11月初版一刷　定價／380元

Lady Boutique Series No.4182
KAMAKURA SWANY STYLE NO BAG
Copyright © 2016 Boutique-sha,Inc.
All rights reserved.
Original Japanese edition published in Japan by BOUTIQUE-SHA.
Chinese（in complex character）translation rights arranged with BOUTIQUE-SHA
through KEIO CULTURAL ENTERPRISE CO.,LTD.

總經銷／朝日文化事業有限公司
進退貨地址／新北市中和區橋安街15巷1號7樓
電話／（02）2249-7714
傳真／（02）2249-8715

鎌倉 SWANY

創立於1968年，位於日本湘南鎌倉的布店。有來自世界各地的亞麻布、棉布、針織布、釦子、各式織帶、包包材料等被喻為「SWANY品味」的高質感商品，吸引手作族佇足停留。

由店鋪附設工作室所設計、製作的店頭展示用提包與波奇包等，同樣擁有眾多愛好者，販售的材料包很受歡迎。展示的包款與材料包，除了初學者也容易上手的圖樣外，縫法與素材也都十分講究。

STAFF

編輯　　根本さやか・並木 愛
設計　　牧 陽子
紙型描圖　山科文子

鎌倉店　　　　　　　　　　山下公園店
神奈川県鎌倉市大町 1-1-8　　神奈川県横浜市中区山下町 27 番地

http://www.swany-kamakura.co.jp

Cotton Friend
×
SWANY Style Bags

  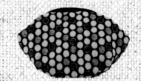

THE BEST RECIPE OF KAMAKURA SWANY STYLE BAG&POUCH

Cotton Friend
×
SWANY Style Bags

THE BEST RECIPE OF KAMAKURA SWANY STYLE BAG&POUCH